国家中等职业教育改革发展示范学校建设项目成果教材

普通机床装调

广州市机电高级技工学校　组编

主　编　陆伟漾
副主编　刘贤文　郭英明
参　编　胡　松　余文宇　范玉兰
主　审　赖圣君

机　械　工　业　出　版　社

本书是根据国家中等职业教育改革发展示范学校建设要求与数控机床装配与维修专业人才培养方案编写的。

本书全面、系统地阐述了普通机床装调流程，严格按照机床的装调顺序及机床出厂标准进行操作。全书分为7个学习任务，包括普通机床床身与床脚的装调，床鞍的装调，主轴箱的装调，尾座的装调，溜板箱的装调，进给箱和丝杠后托架的装调及普通机床试车和验收。在每一个学习任务中都加入一些相关的理论知识，来支撑实际操作。

本书可作为职业教育学校机电类专业教材，也可供从事机床维修工作的技术人员阅读和借鉴。

图书在版编目（CIP）数据

普通机床装调/陆伟漾主编；广州市机电高级技工学校组编. —北京：机械工业出版社，2013.7（2022.8 重印）
国家中等职业教育改革发展示范学校建设项目成果教材
ISBN 978-7-111-43403-0

Ⅰ. ①普… Ⅱ. ①陆…②广… Ⅲ. ①机床-安装-中等专业学校-教材②机床-调试方法-中等专业学校-教材 Ⅳ. ①TG5

中国版本图书馆 CIP 数据核字（2013）第 165483 号

机械工业出版社（北京市百万庄大街22号 邮政编码100037）
策划编辑：汪光灿 责任编辑：汪光灿
版式设计：霍永明 责任校对：张 薇
封面设计：路恩中 责任印制：郜 敏
北京富资园科技发展有限公司印刷
2022年8月第1版第4次印刷
184mm×260mm · 5印张 · 108千字
标准书号：ISBN 978-7-111-43403-0
定价：20.00元

电话服务	网络服务
客服电话：010-88361066	机 工 官 网：www. cmpbook. com
010-88379833	机 工 官 博：weibo. com/cmp1952
010-68326294	金 书 网：www. golden-book. com
封底无防伪标均为盗版	机工教育服务网：www. cmpedu. com

前 言

本书是为培养高技能人才的需要，满足职业教育机械类专业的教学，根据数控机床装配与维修专业人才培养方案的要求编写而成。本书以学生获得工作体验，形成良好的职业技能为核心，以操作性学习为特征，可指导学生按工作过程开展学习活动，并注重学生的职业能力和社会能力的培养。

本书共分 7 个学习任务，主要内容包括普通机床床身与床脚的装调、床鞍的装调、主轴箱的装调、尾座的装调、溜板箱的装调、进给箱和丝杠后托架的装调、试车和验收等。每个学习任务由学习任务描述、学习准备、计划、实施、评价反馈等环节组成，全书内容是以机床总装配的顺序，以及机床的出厂标准要求进行编排，循序渐进，充分体现“在做中学，在学中做”的职业教育特色。

本书由广州市机电高级技工学校陆伟漾老师任主编，刘贤文、郭英明任副主编，胡松、余文宇、范玉兰参加本书的编写。全书由赖圣君老师主审。在编写过程中，得到了学校领导的大力支持与帮助，在此深表感谢！

由于编者水平有限，书中难免会有不妥之处，恳请读者批评指正。

编 者

2013 年 6 月

目 录

学习任务一　普通机床床身与床脚的装调

【学习目标】

学生在教师引导下查阅培训教材、普通机床结构图册等，明确装配要求；通过小组合作，讨论制定装配工艺和工作计划，在遵守安全操作规程的前提下，合理使用安装工具，进行普通机床床身与床脚的安装调试。最后对已完成的工作任务进行记录、存档和评价反馈。

完成本学习任务后，你应能够掌握以下内容：

① 叙述床身导轨的几何精度要求。

② 根据机床装配图，制定床身与床脚的装调工艺。

③ 调整机床水平。

④ 测量床鞍导轨的直线度和平行度，并画导轨曲线，计算导轨的直线度误差。

⑤ 测量床鞍导轨与尾座导轨的平行度。

⑥ 完成普通机床床身与床脚的装调任务并进行记录、存档和评价反馈。

【建议学时】 24课时

【内容结构】

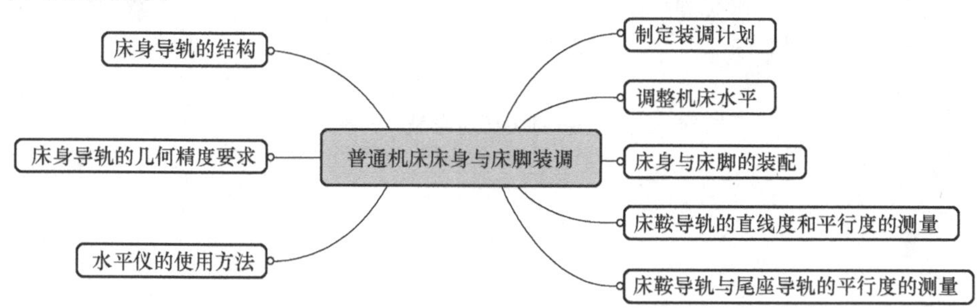

【学习任务描述】

某企业在普通机床生产过程中需要对机床的床身与床脚进行装调，装配人员根据实际情况，了解床身导轨的几何精度项目及其要求，制定工作流程，装配床身与床脚，并使用水平仪调整机床水平、测量导轨在铅垂面内直线度以及床鞍导轨在水平面内的直线度。对已完成的工作进行记录、存档，并自觉保持安全作业，遵守“6S”的工作要求。

【学习准备】

一、熟悉床身导轨结构

1. 床身导轨由哪几部分组成？

床身导轨（见图 1-1）是床鞍移动的导向面，是保证刀具移动直线性的关键，其中 2、6、7 为____________，3、4、5 为____________，1、8 为压板用导轨。

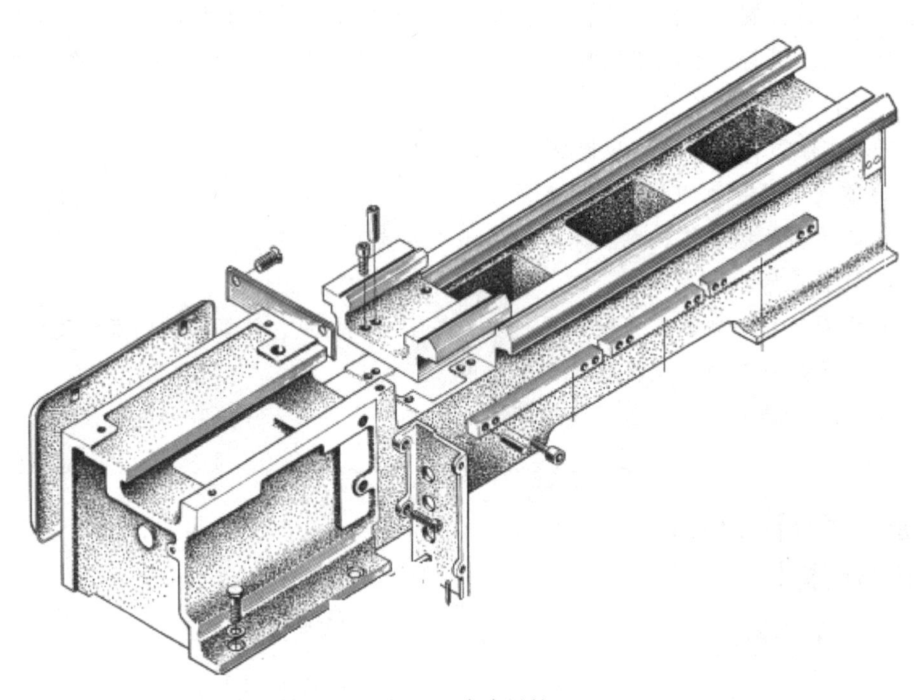

图 1-1 床身导轨

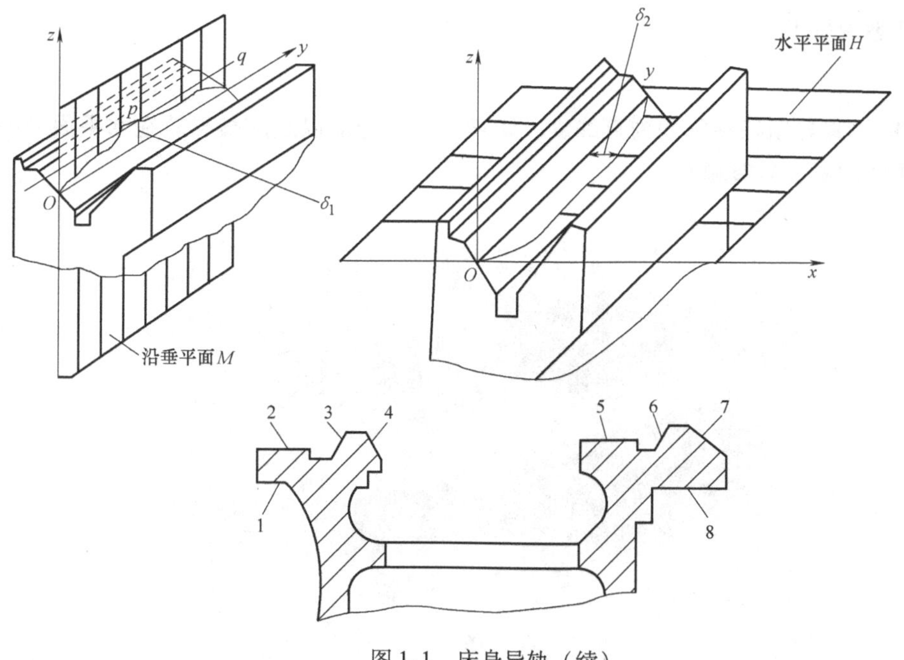

图 1-1　床身导轨（续）

二、明确床身导轨的几何精度要求

2. 床身导轨的几何精度有哪些要求？

床身是车床的基础，也是车床装配的基准部件，床身导轨精加工后要达到以下要求。

1）床身导轨的几何精度见表 1-1。

表 1-1　床身导轨的几何精度

几 何 精 度	要　　求
床鞍导轨的直线度	在铅垂平面内，全长为______mm；在任意 500mm 测量长度为______mm，只许凸；在水平面内，全长为______mm
床鞍导轨的平行度	全长为______________mm
床鞍导轨与尾座导轨的平行度	在铅垂面与水平面上均为全长________mm；任意 500mm 测量长度为__________mm

2）接触精度。刮削导轨每 25mm×25mm 范围内接触点不少于______点，磨削导轨则以接触面积大小来评定接触精度的高低。

3）表面粗糙度。刮削导轨表面粗糙度一般在 *Ra* ______以下；磨削导轨表面粗糙度一般在 *Ra* ________以下。

4）硬度。一般导轨表面硬度应在________HBW 以上，并且全长范围硬度一致；与之相配合件的硬度应比导轨硬度__________。

三、熟悉测量工具

3. 测量导轨在铅垂面内直线度、床鞍导轨平行度以及床鞍导轨在水平面内的直线度，常用的测量工具有哪些？

（1）水平仪（见图1-2）

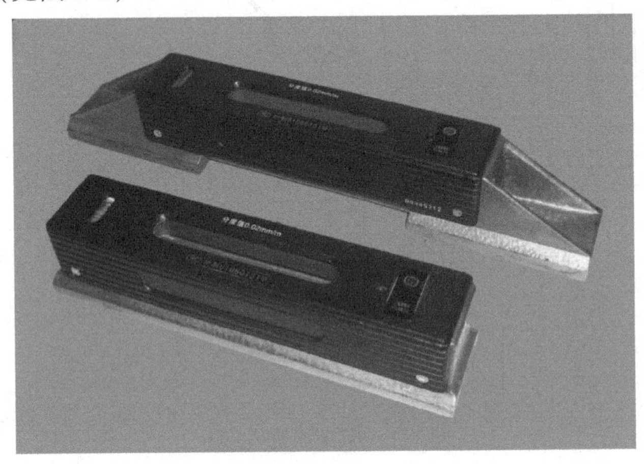

图1-2　条式水平仪

1）条式水平仪由__________（纵向带气泡的玻璃管）和______________（横向带气泡的玻璃管）组成，在测量面上制有V形槽以便于在圆柱面上进行测量。

2）水平仪主要用于测量导轨在铅垂平面内的________、工作台面的平面度及零件间的垂直度和________。

3）水平仪的种类有____________、________________、_______________。

4）水平仪的读数原理：水平仪是一种____________，它的测量结果是被测面相对水平面的斜率。

例如：精度为0.02/1000的水平仪，表示斜率是0.02/1000，则倾斜角为

$$\tan\theta = \frac{0.02}{1000} = 0.00002$$

$$\theta = 4''$$

（2）水平仪的读数方法

水平仪计数有直接计数法和平均法两种。

1）直接读数法：以两端长刻线作为零线，以气泡相对移动格数作为读数，气泡在中间位置时读作“0”，以零线为基准，气泡向右移为“____”，向左移为“____”。

2）平均值读数法。由于环境温度较大，使气泡变长或缩短，引起读数误差而影响测量的正确性可以采用平均读数，以减少读数误差。

平均计数法是分别从两长刻线为基准，向同一方向分别计出气泡停止的格数，再把两读数相加除以2作为测量读数。例如：由于环境温度较高，气泡变长，测量位置使气泡左

移，读数时从左边长刻线起，向左读数“－3”，向右边长刻起，向左读数“－2”取这两个计数的平均值作为这次测量数值，如图1-3所示。

$$(-3)+(-2)/2=-4$$

图1-3　水平仪的平均值读数法示意图

四、掌握测量方法

4. 导轨直线度测量应注意哪些事项?

(1) 用水平仪测量导轨铅垂平面内直线度的方法。

1) 先将桥板放置于__________;

2) 分别将两个水平仪横向及纵向放在桥板上;

3) 调整机床水平;

4) 将导轨分段，其长度与桥板长度相适应，依次____________逐段测量导轨，取得各段高度差读数。

(2) 根据各段测量读数，画出导轨________曲线图。

作图时：导轨的长度为______________。

水平仪读数为______________。

根据水平仪读数依次连接各点形成线段。

(3) 用两端点连线法或最小区域法确定最大误差、格数及误差曲线形状。

1) 两端点连线法：如果导轨直线度误差曲线成单凸（或单凹）时，作首尾两端点连线 *A-A*，并通过曲线最高点（或最低点）作 *B-B* 直线与 *A-A* 平行，两直线之最大纵向坐标值为最大误差，如图1-4所示。

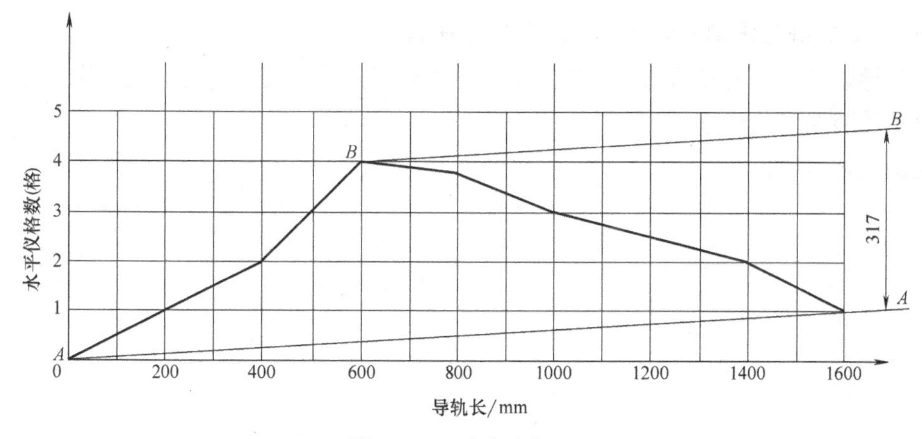

图1-4　两端点连线法

2) 最小区域法：在直线度误差曲线有凸有凹时，过曲线上两个最低点（或最高点），作一条直线 *A-A*，过曲线的上最高点（或最低点）作平行于 *A-A* 的另一条直线，将误差曲线全部包容在两条直线之间，两平行线之间最在纵向坐标值即为最大误差，如图1-5所示。

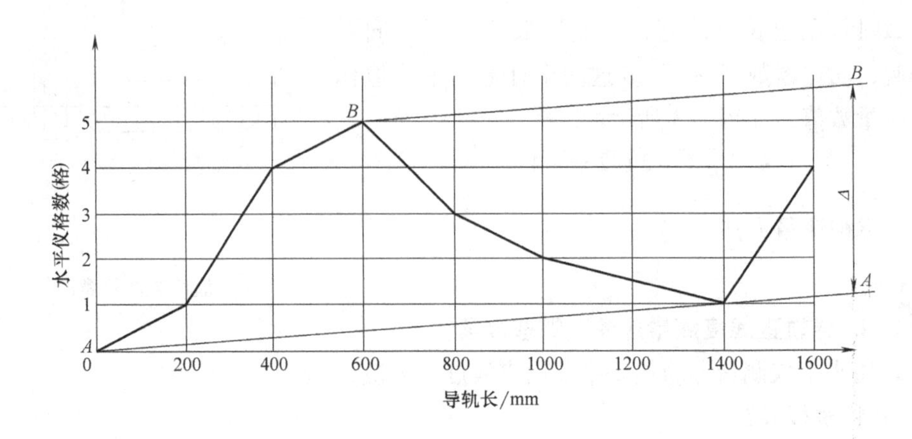

图 1-5　最小区域法

（4）导轨直线度计算

$$\Delta = nil$$

式中　Δ——导轨直线误差数值 mm；

n——曲线图中最大误差格数；

i——水平仪的读数精度；

l——每段测量长度。

【计划】

五、制定装调计划

5. 床身与床脚的装调工艺流程是怎样的?

床身导轨是车床装配的基准，提高床身导轨精度是提高装配精度的重要措施之一，请制定合理的装调工艺流程。

装调工艺流程：

方案的设计需要团队成员团结一致，分工协作完成。请将小组分工安排情况填入表1-2中。

表 1-2 ________方案设计小组工作分工安排表

序 号	工作内容	负责人
1		
2		
3		
4		
5		
6		

【实施】

六、实施装调作业

6. 在机床生产过程中应如何装配床身与床脚?

床身与床脚的装配先要清除结合面的毛刺并倒角，然后把床身装到床脚上并将其紧固。

七、测量导轨

7. 如何测量导轨在铅垂面内的直线度及床鞍导轨平行度?

1）先将调整垫铁（见图1-6）放在机床地脚螺钉孔处，通过调节调整垫铁调整车床的精度。

2）用桥板（见图1-7）和水平仪检查两条导轨间的平行度误差，一般称为导轨扭曲。用桥板和水平仪测量方法简单，测量精度高，在装配和修理中经常采用，桥板一端可调节。

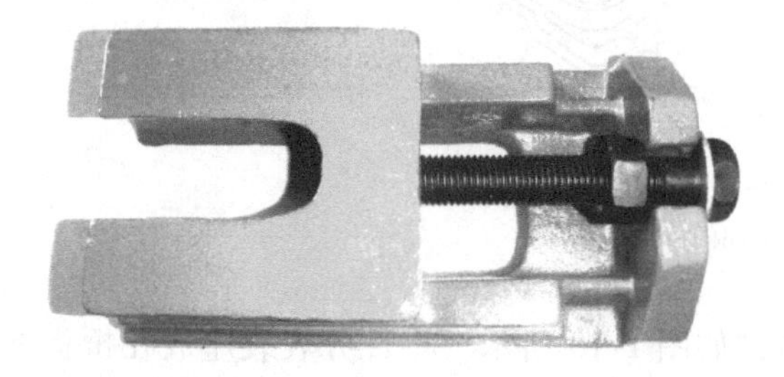

图1-6 调整垫铁

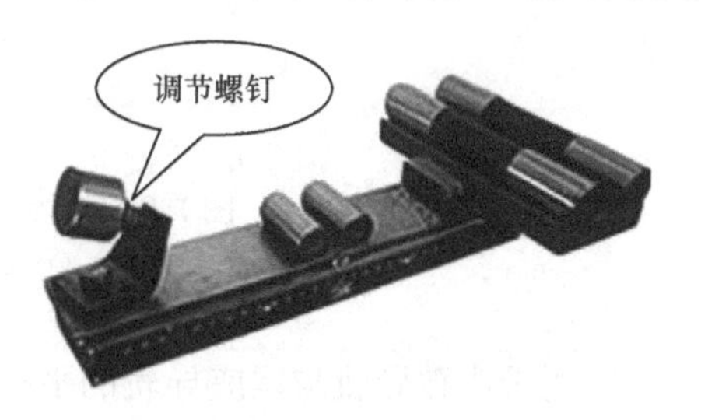

图1-7 桥板

3）测量导轨在铅垂面内的直线度及床鞍导轨的平行度，如图1-8所示。先将桥板放置于导轨中间，分别将两个水平仪横向及纵向放在桥板上，然后调平导轨，再分段测量。测量导轨时每隔桥板长度记录一次水平仪读数。横向水平仪读数差为导

图 1-8　测量导轨在铅垂面内的直线度
及床鞍导轨的平行度

轨平行度，纵向水平仪用于测量直线度，根据测得的读数作出误差曲线图并计算误差值。

4）测量导轨在水平面内的直线度及床鞍导轨的平行度，如图 1-9 所示。移动桥板，百分表在导轨全长范围内最大读数与最小读数之差，为导轨在水平面内的直线度误差。

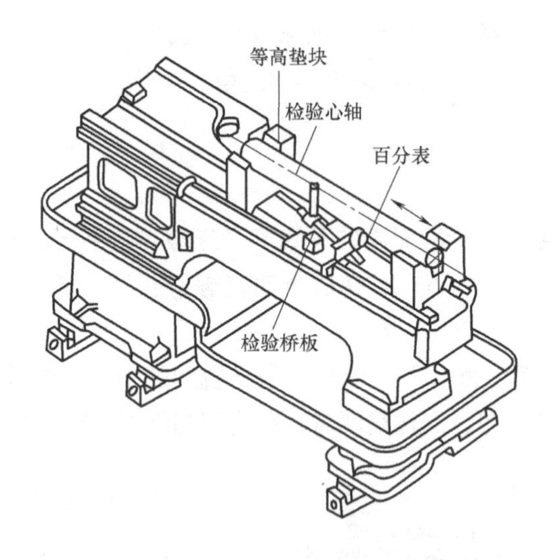

图 1-9　测量导轨在水平面内的直线度及
床鞍导轨的平行度

5）测量床鞍导轨与尾座导轨的平行度，如图 1-10 所示。将百分表表座放在桥板上，移动桥板，百分数在导轨全长内的最大读数与最小读数之差即为导轨在水平面内的直线度误差。

6）测量压板导轨与床鞍导轨的平行度，如图 1-11 所示。

图 1-10　测量床鞍导轨与尾座导轨的平行度

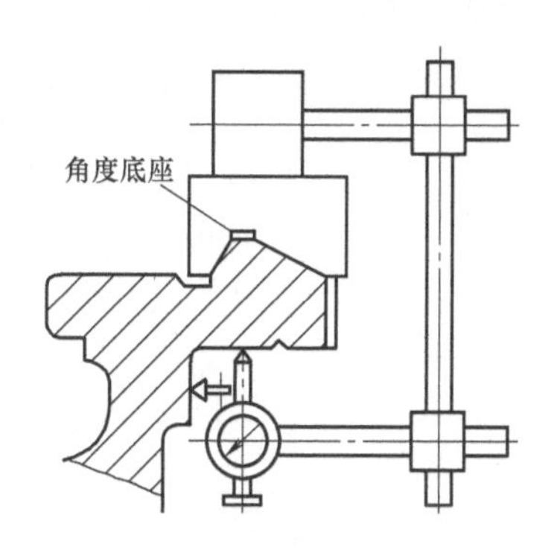

图 1-11　测量压板导轨与床鞍导轨的平行度

7）导轨直线度测量水平仪读数记录在表 1-3 中。

表 1-3　水平仪读数记录

横向水平仪读数	
纵向水平仪读数	

8）根据水平仪读数画出导轨曲线图、计算误差值。

【评价反馈】

（一）学习反馈

1）床身导轨的几何精度有哪几项？各有什么要求？

2）通过本学习任务，你会使用水平仪调整机床水平了吗？

3）你对这个学习任务的学习是否满意？与小组内的其他同学合作是否愉快？

4）你认为这个学习任务中最难解决的是哪部分？

5）你认为这个学习任务的设计与实现哪些方面有待进一步改善？

签名：______________　　　　年　　月　　日

（二）自我评价与教师评价（包括专业能力和职业能力）

班级：　　　　　　　　姓名：　　　　　　　　学习任务名称：

目　标	评价项目	每项分值	自我评价	教师评价
专业能力	1. 能否识读床身装配图中的零部件名称	15		
	2. 能否叙述床身导轨的各项精度要求	15		
	3. 能否对床身进行检验	10		
职业能力	4. 能否做好对床身的拆装事项	10		
	5. 是否按工艺要求进行拆装	5		
	6. 床身的装调是否达到精度要求	25		
素养	7. 工作着装是否规范	5		
	8. 是否主动参与工作现场的清洁和整理工作	5		
	9. 在本学习任务的学习过程中，是否主动协调	5		
	10. 工作页填写情况	5		
总　评	合计总分	100		

（三）小组评价

评价指标	评价情况
与其他同学口头交流学习内容是否顺畅	是：　　否：
是否能接受小组成员的意见	是：　　否：
是否服从教师的教学安排	是：　　否：
是否服从组长的计划与实施安排	是：　　否：
着装是否符合标准	是：　　否：
能否正确地领会他人提出的学习问题	能：　　否：
能否按照安全和规范的规程操作	能：　　否：
能否辨别工作环境中哪些是危险的因素	能：　　否：
能否合理规范地使用工具和仪器	能：　　否：
能否保持学习工作环境的干净整洁	能：　　否：
是否遵守学习场所的规章制度	是：　　否：
是否有工作岗位的责任心	是：　　否：
是否全勤	是：　　否：
是否能正确对待自己的错误	是：　　否：
是否能保持团队合作	是：　　否：

参与评价的同学签名：________________　　　　年　　月　　日

（四）总体评价（学习进步方面、今后努力方向）

教师签名：____________　　　　年　　月　　日

学习任务二　普通机床床鞍的装调

【学习目标】

学生在教师引导下查阅培训教材、普通机床结构图册等，明确装配要求；通过小组合作，讨论制定装配工艺和工作计划，在遵守安全操作规程的前提下，合理使用安装工具，进行普通机床床鞍与床身的安装调试。最后对已完成的工作任务进行记录、存档和评价反馈。

完成本学习任务后，你应能够掌握以下内容：

① 叙述床鞍的装配精度要求。

② 制定床鞍与床身装调的方案流程。

③ 配刮床鞍横向中滑板，达到精度要求。

④ 配刮镶条，达到无松紧不均匀的现象。

⑤ 配刮床鞍与床身配合的表面，使床鞍上、下导轨的垂直度精度符合技术要求。

⑥ 按机床出厂精度要求完成普通机床床鞍装调。

⑦ 完成普通机床床鞍与床身装调的任务并进行记录、存档和评价反馈。

【建议学时】　30 课时

【内容结构】

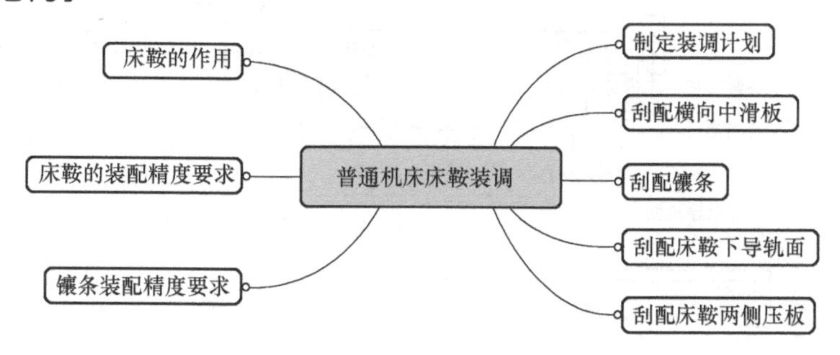

【学习任务描述】

某企业在普通机床生产过程中需要对机床的床鞍进行装调，装配人员根据实际情况，了解床鞍的装配精度要求，制定工作流程装配床鞍，对已完成的工作进行记录、存档，并自觉保持安全作业，遵守“6S”的工作要求。

【学习准备】

一、熟悉床鞍结构

1. 床鞍由哪几部分组成？

床鞍部件（见图2-1）是保证刀架运动的关键，床鞍上下导轨面分别与床身导轨和刀架中滑板配刮完成。

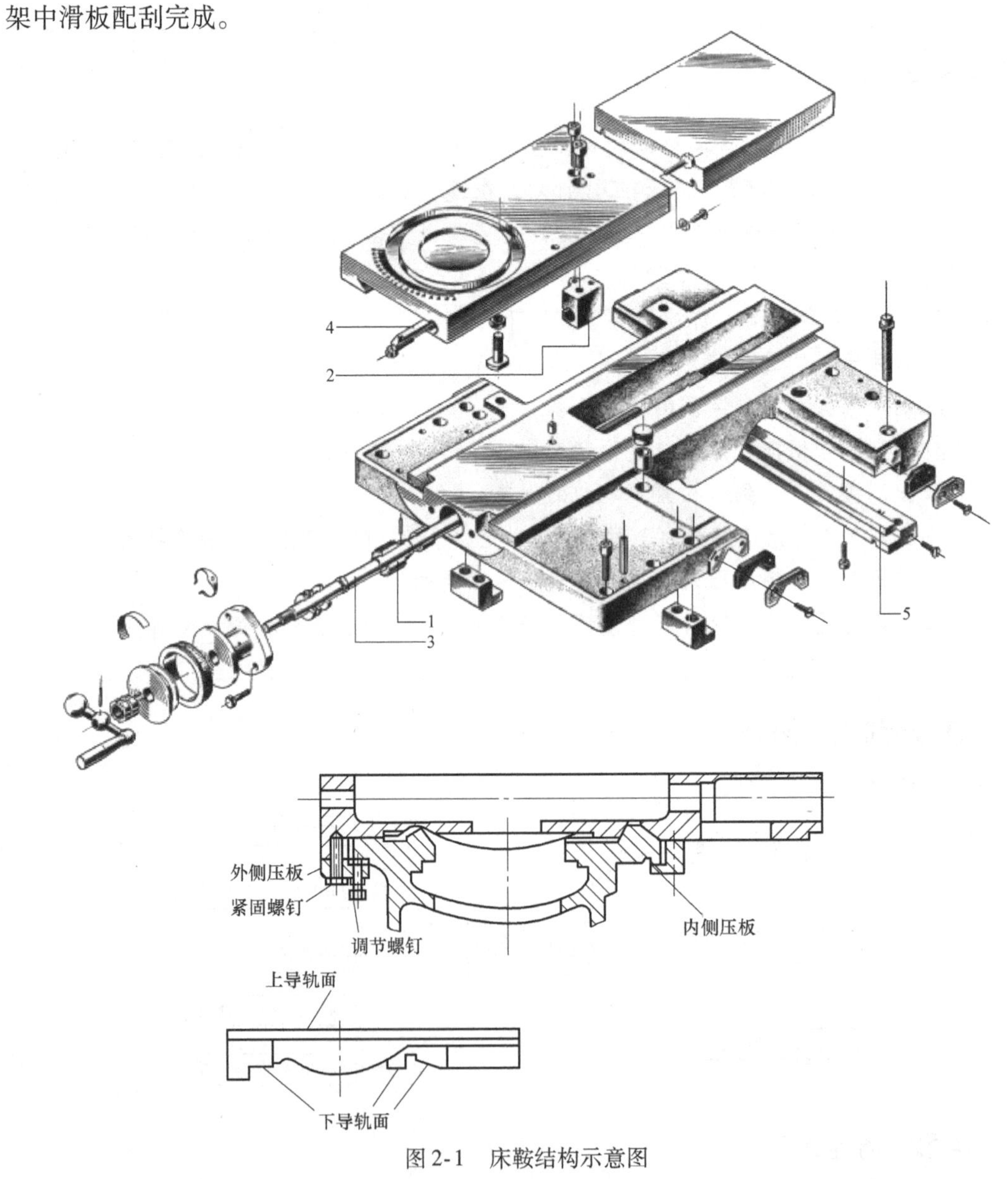

图2-1 床鞍结构示意图

写出下列各零部件的名称：1 ____________、2 ______________、3 ______________、4 __________、5 ____________。

二、掌握横向中滑板配刮方法

2. 床鞍装调过程中，应如何配刮横向中滑板？

将床鞍放在床身导轨上，可以减少刮削时床鞍变形。以________为基准配刮中滑板的______，以燕尾导轨______和______为基准，配刮床鞍横向中滑板的______和______。接触精度要求面2、面3为__________点，面4为__________点。

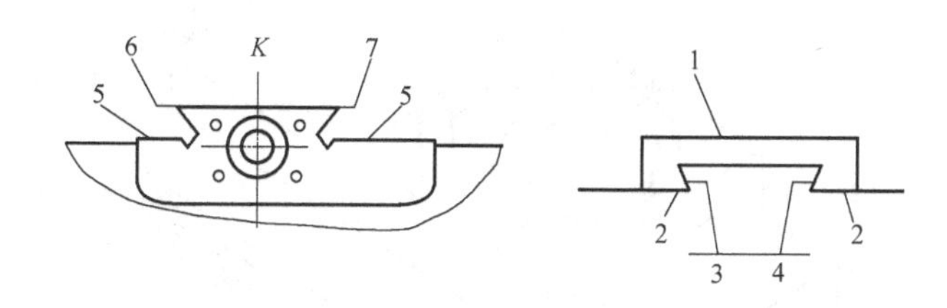

图2-2　床鞍上燕尾导轨

三、掌握测量燕尾导轨的平行度方法

3. 修刮燕尾导轨面7保证其与面6的平行度，以保证刀架横向移动顺利，那么应如何检测呢？

可用________或________为研具刮研，将测量圆柱放在燕尾导轨两端，用________分别在两端测量，两次测得的读数就是平行度误差，在全长上不大于0.02mm，如图2-3所示。

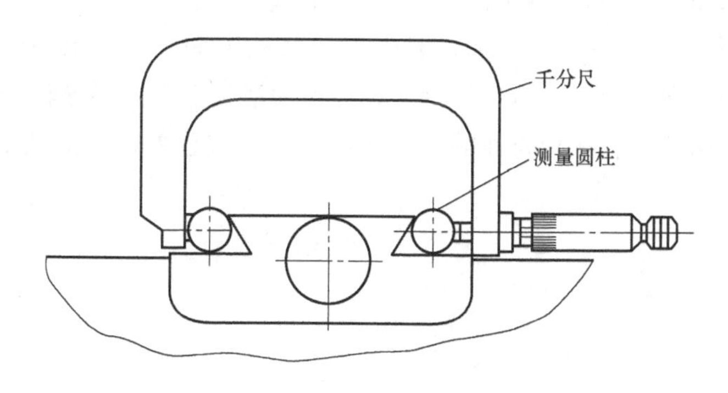

图2-3　测量燕尾导轨的平行度

四、掌握镶条的配刮方法

4. 镶条的作用是使用刀架横向进给时有准确的间隙，并在使用过程中，不断调整间隙，保证足够的寿命，那么应怎样配刮镶条呢？

镶条按导轨和中滑板配刮，使中滑板在床鞍燕尾导轨全长上移动时，无轻重或松紧不均匀的现象，并保证大端有__________mm 的调整余量。燕尾导轨与中滑板的配合间隙用______mm 塞尺检查，插入深度不大于________mm。图 2-4 所示为燕尾导轨的镶条。

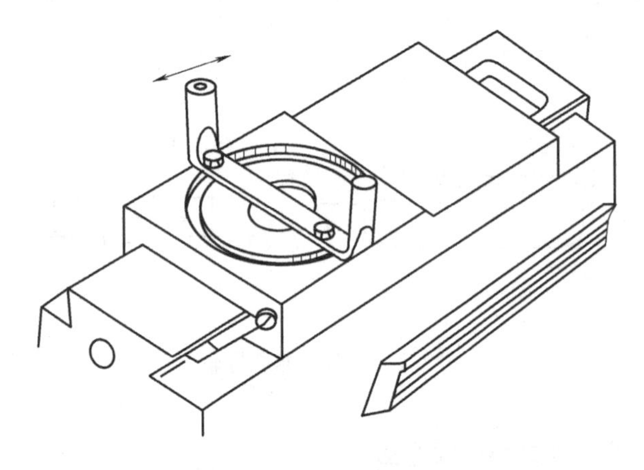

图 2-4　燕尾导轨的镶条

五、掌握床鞍下导轨面的配刮方法

5. 床鞍下导轨面是保证刀具纵向运动的关键，那么如何配刮床鞍下导轨面呢？

以床身导轨为基准，配刮床鞍与床身配合的表面至接触点为________点/（25mm × 25mm），并按图 2-5 所示检查床鞍上、下导轨的垂直度。本项精度要求为 300mm 内________mm，只允许__________。测量时先纵向移动床鞍，校正床头放的 90° 角平尺的一个边与床鞍移动方向______。然后将百分表放在中滑板上沿燕尾导轨全长移动，百分表的最大读数值就是床鞍上、下导轨面的垂直度误差。超过公差时，应刮削____________，直至合格。

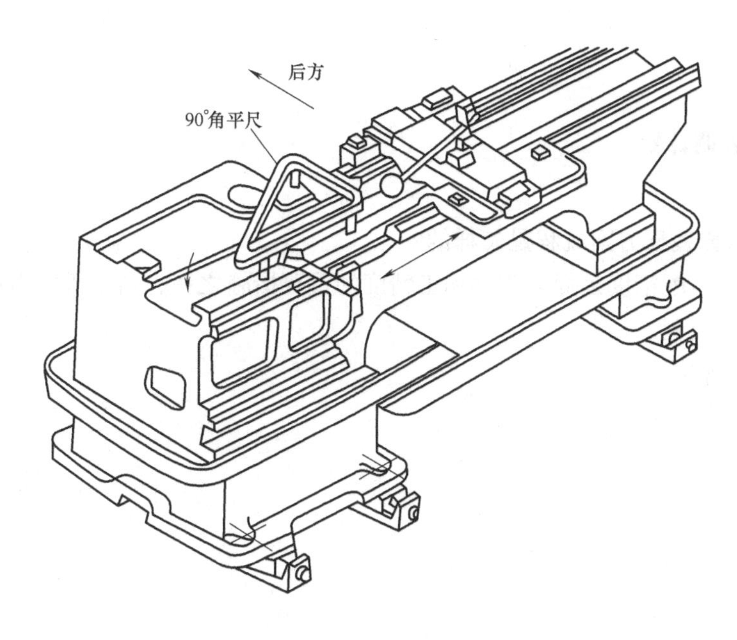

图 2-5　测量床鞍上下导轨面的垂直度

六、床鞍两侧压板的配刮方法

6. 如何配刮床鞍两侧压板呢？

床鞍与床身的装配，主要是刮配床身的下导轨面及配刮床鞍两侧压板，保证床身上下导轨面的平行度，以达到床鞍与床身导轨在全长上能均匀结合，平稳地移动。

如图 2-6 所示，装上面两侧压板并调整到适当的配合间隙，推研床鞍，配刮两侧压板，要求接触点为________点/（25mm × 25mm），全部螺钉调整紧固后用 200 ~ 300N 力推动床鞍在导轨全长上移动应无阻滞现象；用________mm 塞尺检查贴合程度，插入深度不大于______mm。

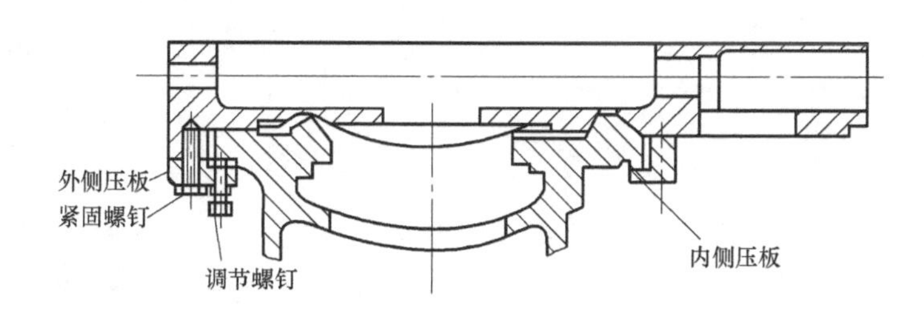

图 2-6　床身与床鞍的装配

【计划】

七、制定装调计划

7. 床鞍装配方案流程是怎样的?

提高机床的装配精度是提高零件加工精度的重要措施之一，请按机床出厂要求，制定合理的装配工艺流程。

装调工艺流程：

方案的设计需要团队成员团结一致，分工协作完成。请将小组分工安排情况填入下表2-1中。

表2-1　________方案设计小组工作分工安排表

序　号	工作内容	负　责　人
1		
2		
3		
4		
5		
6		

【实施】

八、实施装调作业

8. 在机床生产过程中，应如何装配车床床鞍？

床鞍装配步骤如下：

1）先检查床鞍各零部件是否齐全。

2）先检查床鞍上下导轨是否清洗干净。

3）将床鞍放在床身导轨上（图2-7），可以减少刮削时床鞍变形。以______为基准配刮中滑板的________，以燕尾导轨______和______为基准，配刮床鞍横向中滑板的______和________。接触精度要求面2、面3为__________点，面4为__________点，如图2-8所示。

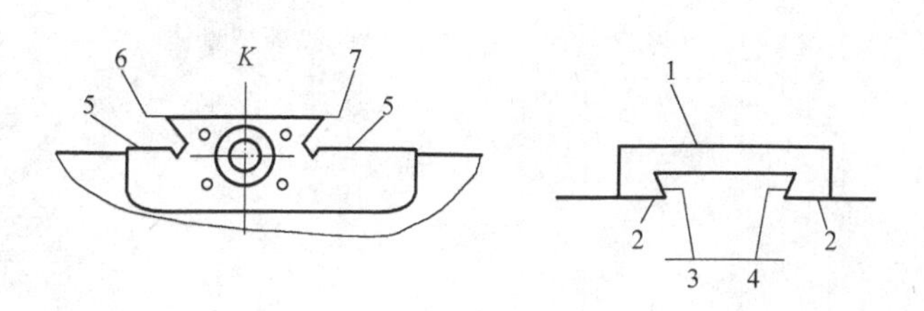

图2-7　床身导轨

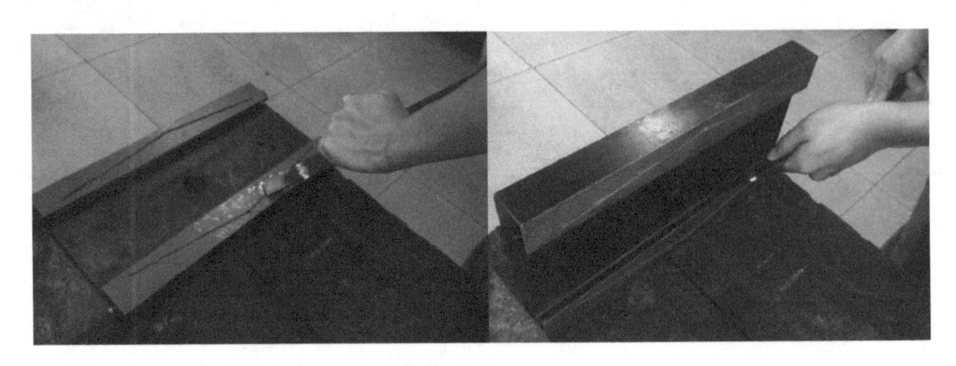

图 2-8　刮削中滑板

4）以燕尾导轨面 7 和中滑板燕尾面 4 配刮镶条（图 2-9），使中滑板在床鞍燕尾导轨全长上移动时，无轻重或松紧不均匀的现象，并保证大端有 10 ~ 15mm 调整余量。燕尾导轨与中滑板配合间隙用 0. 03mm 塞尺检查，插入深度不大于 20mm。

图 2-9　刮削镶条

5）以床身导轨为基准，配刮床鞍与床身配合的表面至接触点为 10 ~ 12 点/（25mm × 25mm），床鞍上、下导轨的垂直度精度要求为 300mm 内 0. 02mm，只许偏向床头。操作示意图如图 2-10、图 2-11 所示。

图 2-10　刮削床鞍下导轨面

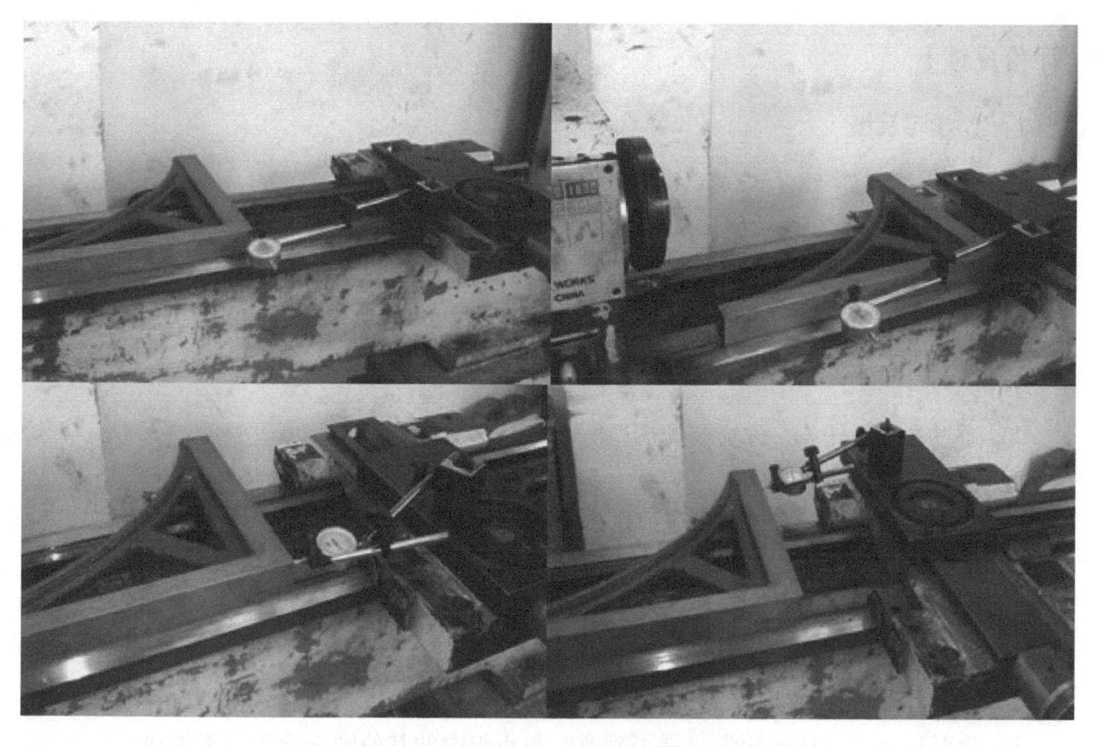

图 2-11　床鞍上、下导轨的垂直度测量

6）以车身导轨为基准，刮研床鞍与床身配合的表面至接触点为 10 ~ 12 点/（25mm × 25mm），床鞍上、下导轨的垂直度精度要求为 300mm 内 0.02mm，只许偏向床头。

7）配刮两侧压板（图 2-12），要求接触点为 6 ~ 8 点，全部螺丝调整紧固后用 200 ~ 300N 力推动床鞍在导轨全长上移动应无阻滞现象；用 200 ~ 300Nmm 塞尺检查贴合程度，插入深度不大于 20mm。

图 2-12　刮削两侧压板

【评价反馈】

（一）学习反馈

1）床鞍装配的精度有哪几项？各有什么要求？

2）通过本学习任务，你会装配床鞍吗？

3）你对这个学习任务的学习是否满意？与小组内的其他同学合作是否愉快？

4）你认为这个学习任务最难解决的是哪部分？

5）你认为这个学习任务的设计与实现在哪些方面有待进一步改善？

签名：____________ 年 月 日

（二）自我评价与教师评价（包括专业能力和职业能力）

班级：　　　　　　　　姓名：　　　　　　　　学习任务名称：

目　标	评价项目	每项分值	自我评价	教师评价
专业能力	1. 能否识读床鞍装配图中的零部件名称	15		
	2. 能否叙述床鞍的装配精度要求	15		
	3. 能否对床鞍进行检验	10		
职业能力	4. 能否做好对床鞍的拆装事项	10		
	5. 是否按工艺要求进行拆装	5		
	6. 床鞍的装调是否达到精度要求	25		
素养	7. 工作着装是否规范	5		
	8. 是否主动参与工作现场的清洁和整理工作	5		
	9. 在本次学习任务的学习过程中，是否主动协调	5		
	10. 工作页填写情况	5		
总　评	合计总分	100		

（三）小组评价

评价指标	评价情况
与其他同学口头交流学习内容是否顺畅	是：　　　　否：
是否能接受小组成员的意见	是：　　　　否：
是否服从教师的教学安排	是：　　　　否：
是否服从组长的计划与实施安排	是：　　　　否：
着装是否符合标准	是：　　　　否：
能否正确地领会他人提出的学习问题	能：　　　　否：
能否按照安全和规范的规程操作	能：　　　　否：
能否辨别工作环境中哪些是危险的因素	能：　　　　否：
能否合理规范地使用工具和仪器	能：　　　　否：
能否保持学习工作环境的干净整洁	能：　　　　否：
是否遵守学习场所的规章制度	是：　　　　否：
是否有工作岗位的责任心	是：　　　　否：
是否全勤	是：　　　　否：
是否能正确对待自己的错误	是：　　　　否：
是否能保持团队合作	是：　　　　否：

参与评价的同学签名：＿＿＿＿＿＿＿＿　　　　年　　月　　日

（四）总体评价（学习进步方面、今后努力方向）

教师签名：　　　　年　　月　　日

学习任务三　普通机床主轴箱的装调

【学习目标】

学生在教师引导下查阅培训教材、普通机床结构图册等，明确装配要求；通过小组合作，讨论制定装配工艺和工作计划，在遵守安全操作规程的前提下，合理使用安装工具，进行普通机床主轴箱安装调试。最后对已完成的工作任务进行记录、存档和评价反馈。

完成本学习任务后，你应能够掌握以下内容：

① 叙述主轴箱的结构。

② 叙述主轴箱的装配精度要求。

③ 制定主轴箱装配方案流程。

④ 合理使用装配工具拆卸、清洗车床主轴箱。

⑤ 按机床出厂精度要求装配车床主轴箱。

⑥ 完成普通机床主轴箱装调的任务并进行记录、存档和评价反馈。

【建议学时】 24 课时

【内容结构】

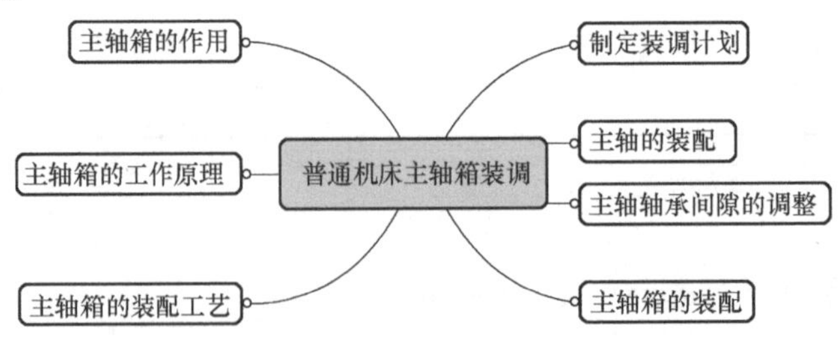

【学习任务描述】

某企业在普通机床生产过程中需要对机床的主轴箱进行装调，装配人员根据实际情况，了解主轴箱的几何精度项目及其要求，制定工作流程，合理使用装配工具拆卸、清洗、装配、调整普通机床主轴箱。对已完成的工作进行记录、存档，并自觉保持安全作业，遵守“6S”的工作要求。

【学习准备】

一、熟悉主轴箱结构

1. 主轴箱由哪几部分组成？各部分的结构和功能是什么？

1）主轴箱材料一般用__________或________，制造与装配精度也较普通机床要高。

2）机床主轴箱是一个比较复杂的传动件，表达主轴箱各传动件的结构和装配关系时常用展开图，展开图基本上是按各传动链传递运动的先后顺序，并展开在一个平面上，如图 3-1 所示。

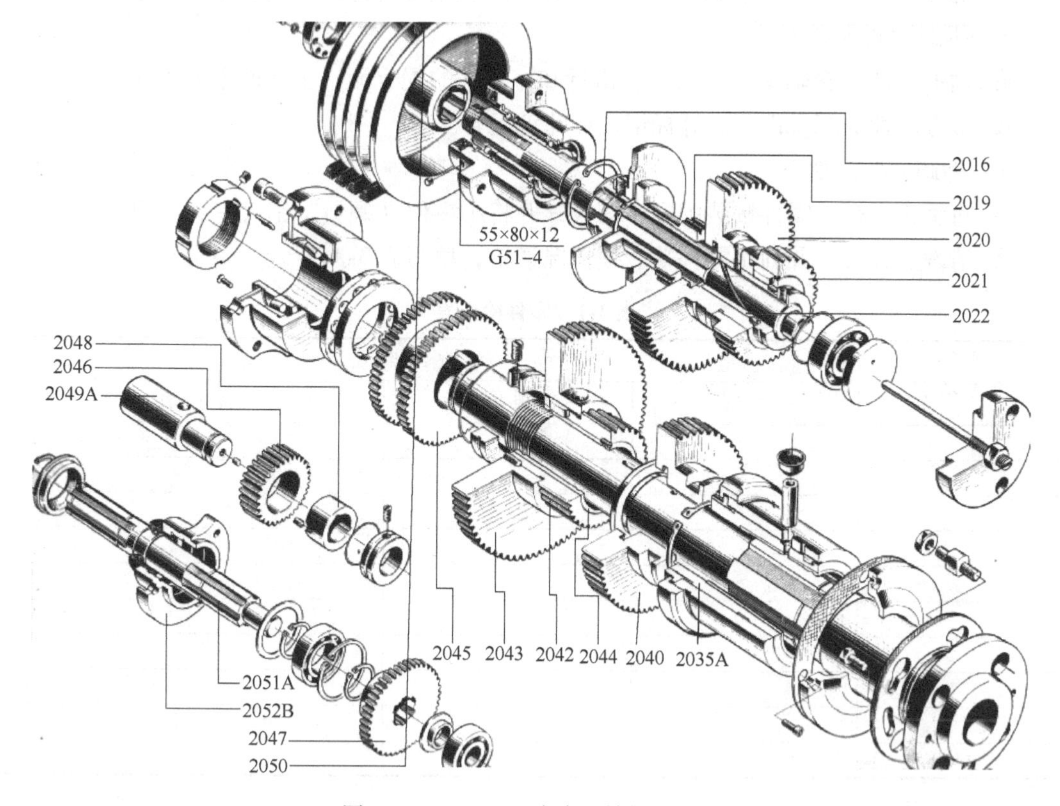

图 3-1　CA6140 型车床主轴箱展开图

3）请写出各零部件的名称：

2016 ________；2019 ________；2020 ________；2021 ________；2022 ________；2045 ________；2043 ________；2042 ________；2044 ________；2040 ________；2035A ________；2048 ________；2046 ________；2049A ________；2051A ________；2052B ________；2047 ________；2050 ________。

4）主轴箱是一个变速箱：输入轴和输出轴（主轴）都是通过滑移齿轮与双联空套齿轮的啮合和离合使主轴获得多级转速，主轴后端固定齿轮是将主轴的转速送给挂轮传入__________。

5）请拆开主轴箱盖，画传动系统示意图。

6）分析结构和工作原理，了解轴组之间、零件之间的关系、位置、方向，最后确定：

① 拆卸顺序（从外至内，从上至下）。

② 拆卸方向（从孔退出）。

③ 轴上零件的拆出方向（根据轴的阶梯从小端卸出）。

④ 拆卸方法（使用锤击法）。

2. 拆卸步骤如下：

1）先排除障碍：拆除圆螺母、弹簧挡圈、销钉、螺钉等。

2）按图样施工：轴组拆卸顺序、拆出方向及轴上零件卸出方向，依次有序进行。

3）拆卸时要求如下：

① 轴上零件（含轴承）要对称锤击拆卸，零件的配合面、工作面不能受损。

② 带方向性的配合件要做好标记，如花键配合。

4）拆卸后要求如下：

① 每轴组、轴上零件按装配顺序摆放，并将小零件（螺钉、销钉）放入原孔。

② 清洗、检查，并列出零件缺、损情况清单，填写表3-1。

表3-1　零件检查表

检查项目	检查结果		
	检查情况	处理措施	备　注

【计划】

二、制定装调计划

3. 主轴箱的装调工艺流程是怎样的？

提高机床的装配精度是提高零件加工精度的重要措施之一，请按机床出厂要求装配车床主轴箱。

装调工艺流程：

方案的设计需要团队成员团结一致，分工协作完成。请将小组分工安排情况填入表3-2中。

表3-2 ____________方案设计小组工作分工安排表

序 号	工 作 内 容	负 责 人
1		
2		
3		
4		
5		
6		

【实施】

三、实施装调作业

4. 装配车床主轴箱，包括哪些步骤？

（1）装配前准备

1）主轴箱各零部件是否齐全。

2）对某些零件进行试验（密封性、平衡）。

3）各配合件尺寸精度、表面粗糙度是否符合要求。

4）准备装配图（或传动系统图）。

5）分析结构确定装配顺序、装入方向、装配方法及装配工具。

（2）装配

1）操作要求：配合面先涂上油方可装入；每装一个件（入轴、入孔）尽量使用压入或对称地锤击打入。

2）轴组件装配（试装）。

轴上零件：带轮、齿轮（固定、滑动、空转）、离合器等。

① 新机装配或更换零件的试装，要完成花键的装配和滑动轴承的装配。

② 试装后对带方向性（轴向、周向）的配合件要在相应的位置上做标记。

轴承：试装入轴（入孔）。先检测配合件（轴、孔）的尺寸、圆度、圆柱度、表面粗糙度是否符合要求，后试压入些，有粘（黏）住的感觉便可。（因多次拆装容易失去配合粘度）

3）轴组装入箱体。新机装配还要对箱体进行检查、测量、清理、轴组装入箱体的过程也是轴上零件装入轴的过程。操作要求如下：

① 旋转件装配（轴、轴上零件、轴承）要对称地敲打几下就要用手拨动检查（转动畅顺，无卡紧现象）。

② 轴上每个零件（包括轴承）都必须装到位（正确位置），如轴承装在轴上，必须装贴轴；装在孔内也要装贴孔。

③ 装后检查：用手拨动轴组、手感灵活轻快，无松动感觉、卡紧现象、间隙符合要求。

（3）装配后（各组件装配大箱体后）

1）装配质量检查：包括齿侧（压铅丝、百分表）和接触点（面积、位置）的检查。

2）主轴、轴组的调整。

① 调整固定支承（后轴承）轴向间隙在 0.01mm 以内。若转动不灵活可用木槌（或铜棒）在主轴的前后端敲击振动，直至旋转灵活自如，然后再锁紧圆螺母，如图 3-2 所示。

② 调整游动支承（前轴承）径向间隙在 0.005mm 以内（温度升高调整间隙在 0 ~ 0.02mm）。调整时可用杠杆撬动使主轴受 200 ~ 300N 的径向力进行检查，如图 3-3 所示。

图 3-2　轴向间隙检测

图 3-3　径向间隙检测

3）主轴部件回转精度检测。

① 径向圆跳动：主轴锥孔插入一根长 300mm 验棒，转动主轴，百分表在验棒两端测得的最大读数差为径向圆跳动误差。测量一次后，将验棒拔出转过 180°，重新插入主轴锥孔中测量，依次重复检测 4 次取出平均值为主轴径向圆跳动，如图 3-4 所示。

图 3-4　径向圆跳动检测

② 轴向（端面）圆跳动（窜动）：主轴锥孔插入一根短验棒，并在中心孔粘住一钢珠，转动主轴，百分表的平头触头顶在钢珠上进行检测，其最大的读数差值为端面圆跳动误差。

将精度检测结果填入表 3-3 中。

表 3-3　检测精度记录表

项目 位置	标准精度公差	实际测量公差	备注
主轴轴向间隙	0.01mm		
主轴径向间隙	0.005mm		
径向圆跳动	靠近主轴端面处 0.01mm 距主轴端面 300mm 处 0.02mm		
轴向（端面）圆跳动（窜动）	<0.01mm		
主轴轴线对溜板移动的平行度（测量长度 300mm）	垂直平面内 0.02mm（只许向上偏） 水平面内 0.015mm（只许向前偏）		

填写装调信息记录表 3-4。

表 3-4 装调信息记录表

序 号	结构部件	装配情况	备 注
1			
2			
3			
4			
5			
6			
7			
8			
9			
10			

组别：　　年　　月　　日

【结果反馈】

其他组成员对测量方法、结果等提出质疑，该组汇报员沟通释疑，并将意见记录到反馈表，见表 3-5。

表 3-5 反馈表

小组名称	
记录结果	
工作问题	
其他意见	

记录人：　　　　年　　月　　日

【评价与反馈】

（一）学习反馈

1. 主轴箱装调的精度要求有哪些？

2. 主轴箱的装调步骤有哪些？

3. 通过本学习任务，你会装调主轴箱了吗？安装后的精度检验方法有哪些？

4. 你认为这个学习任务的设计与实现在哪些方面有待进一步改善？

（二）学习评价

1. 自我评价与教师评价（包括专业能力和职业能力）

班级：　　　　　　　　　　姓名：　　　　　　　　　　学习任务名称：

目　标	评 价 项 目	每项分值	自我评价	教师评价
专业能力	1. 能否识读主轴箱装配图中的零部件名称	15		
	2. 能否叙述主轴箱的工作原理	15		
	3. 能否对主轴进行检验	10		
职业能力	4. 能否做好对主轴箱的拆装事项	10		
	5. 是否按工艺要求进行拆装	5		
	6. 主轴箱的装调是否达到精度要求	25		
素养	7. 工作着装是否规范	5		
	8. 是否主动参与工作现场的清洁和整理工作	5		
	9. 在本次学习任务的学习过程中，是否主动协调	5		
	10. 工作页填写情况	5		
总　评	合 计 总 分	100		

2. 小组评价

评 价 指 标	评 价 情 况
1. 与其他同学口头交流学习内容是否顺畅	是：　　　否：
2. 是否能接受小组成员的意见	是：　　　否：
3. 是否服从教师的教学安排	是：　　　否：
4. 是否服从组长的计划与实施安排	是：　　　否：
5. 着装是否符合标准	是：　　　否：
6. 能否正确地领会他人提出的学习问题	是：　　　否：
7. 能否按照安全和规范的规程操作	是：　　　否：
8. 能否合理规范地使用工具和仪器	是：　　　否：
9. 能否保持学习工作环境的干净整洁	是：　　　否：
10. 是否遵守学习场所的规章制度	是：　　　否：
11. 是否有工作岗位的责任心	是：　　　否：
12. 是否全勤	是：　　　否：
13. 是否能正确对待自己的错误	是：　　　否：
14. 是否能保持团队合作	是：　　　否：
15. 能否在教师指导下，进行主轴箱安装调试	是：　　　否：

参与评价的同学签名：______________　　　　年　　月　　日

3. 总体评价（学习进步方面、今后努力方向）

教师签名：　　　　年　　月　　日

学习任务四　普通机床尾座的装调

【学习目标】

学生在教师引导下查阅培训教材、普通机床结构图册等，明确装配要求；通过小组合作，讨论制定装配工艺和工作计划，在遵守安全操作规程的前提下，合理使用安装工具，进行普通机床尾座安装调试。最后对已完成的工作任务进行记录、存档和评价反馈。

完成本学习任务后，你应能够掌握以下内容：

① 叙述尾座的结构。

② 叙述尾座的装配精度项目及其要求。

③ 制定尾座装配工作流程。

④ 配刮尾座底板，测量尾座套筒轴线的平行度。

⑤ 按机床出厂精度要求装配车床尾座。

⑥ 完成普通机床尾座装调的任务并进行记录、存档和评价反馈。

【建议学时】 18 课时

【内容结构】

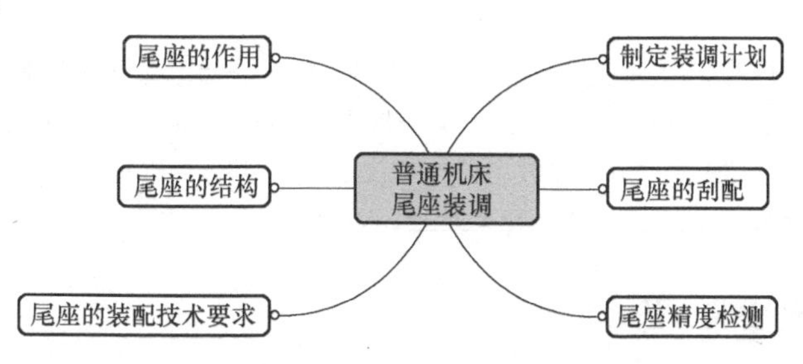

【学习任务描述】

某企业在普通机床进行大修过程中需要对机床的尾座进行装调，维修人员根据实际情况，了解尾座的装配精度项目及其要求，制定工作流程，合理使用工具配刮尾座底板，测量床鞍移动轨迹对尾座套筒伸出部分轴线的平行度、对尾座套筒锥孔轴线的平行度。对已完成的工作进行记录、存档，并自觉保持安全作业，遵守“6S”的工作要求。

【学习准备】

一、熟悉尾座结构

1. 尾座有什么作用？由哪几部分组成？

尾座（见图4-1）是车床的一个重要部件，它可以为零件的加工带来很多方便，使用尾座可以钻中心孔，加工长轴可以用尾座顶住另一端，以提高工件的刚度，利用尾座还可以车削锥度。

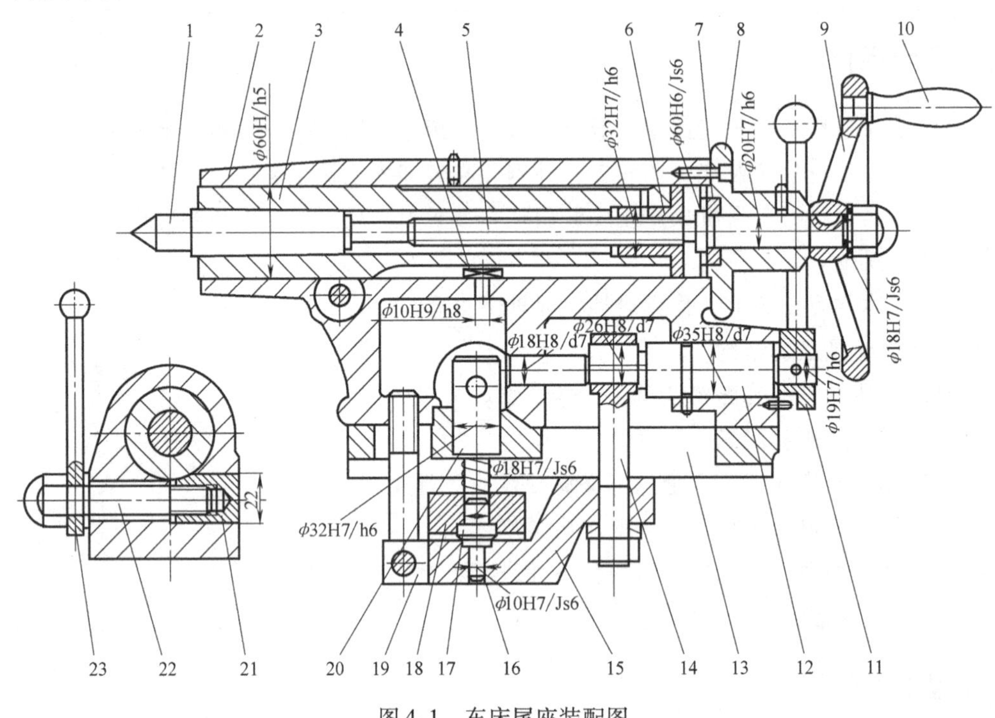

图4-1　车床尾座装配图

填写如下零件名称：

1—__________　2—尾座体　3—__________　4—定位块　5—__________　6—螺母　7—__________

8—后盖　9—__________　10—__________　11—扳手　12—__________　13—__________　14—__________　15—__________　16—螺钉　17—__________　18—小压板　19—__________　20—__________　21—压板__________　22—__________　23—小板手

二、掌握尾座的安装方法

2. 机床装配过程中，应如何安装尾座？

尾座的总装是在主轴箱与床身装配完成的基础上进行的。以床身导轨为基准，配刮尾座底板，使其达到精度要求。

3. 调整尾座的安装位置有哪些要求？应如何测量？

1）床鞍移动轨迹对尾座套筒伸出部分轴线的平行度测量方法是：先将尾座套筒伸出100mm，然后锁紧尾座套筒和尾座，再将百分表放在床鞍上，移动床鞍，百分表在100mm内的读数差，即平行度误差，尾座套筒上素线的平行度公差为＿＿＿＿＿＿，只许＿＿＿＿＿；侧素线的平行度公差为＿＿＿＿＿，只许＿＿＿＿。如图4-2所示。

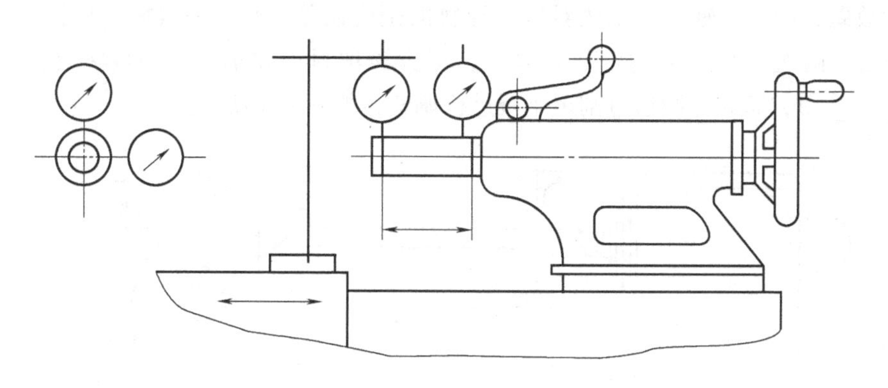

图4-2　尾座套筒对床身导轨平行度测量

2）床鞍移动轨迹对尾座套筒锥孔轴线的平行度测量方法是：先将尾座套筒退回尾座体内并锁紧尾座套筒和尾座，再将300mm的检验心轴插入尾座套筒内，然后再将百分表放在床鞍上，移动床鞍，使其上百分表测头接触检验棒心轴的上素线与侧素线。百分表在300mm长度范围内的读数差，即尾座套筒锥孔轴线的平行度误差，测量一次后，将检验棒拔出转过180°，重新插入尾座套筒锥孔中测量，两次测量结果的代数和之半即为该项目误差值。上素线的平行度公差为＿＿＿＿＿；侧素线的平行度公差为＿＿＿＿＿，如图4-3所示。

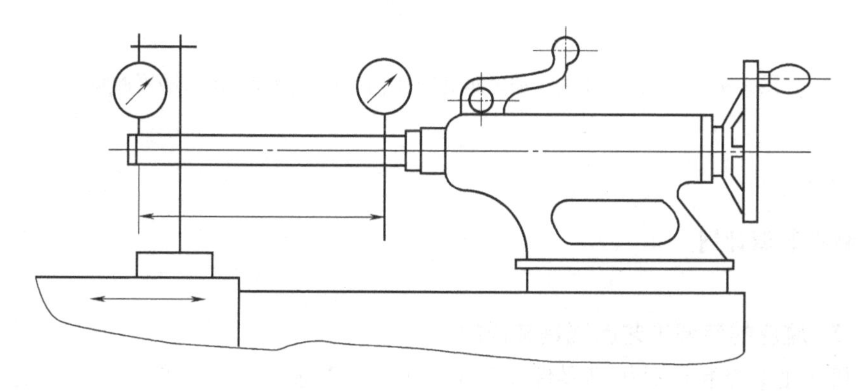

图4-3　尾座套筒锥孔中心线对床身导轨平行度测量

4. 调整主轴锥套孔轴线和尾座套筒孔轴线对床身导轨有什么要求？应如何测量？

主轴锥套孔轴线和尾座套筒孔轴线对床身导轨有等距度要求，测量方法如下：在主轴锥孔内插入一个顶尖，并校正其与主轴轴线的同轴度。在尾座套筒内，同样装一个顶尖，两顶尖之间装夹一标准检验心轴。将百分表置于床鞍上，先将百分表测头在心轴侧素线上，校正心轴在水平平面与床身导轨平行，再将测头处于检验心轴上素线，百分表在心轴两端的读数差，即为主轴锥孔轴线对床身导轨的距度误差，测量一次后，将检验棒转过180°再测量，两次测量结果的代数和之半，即为该项目误差值。等距度公差为______（只许________），若超差则通过刮尾座板进行调整，如图4-4所示。

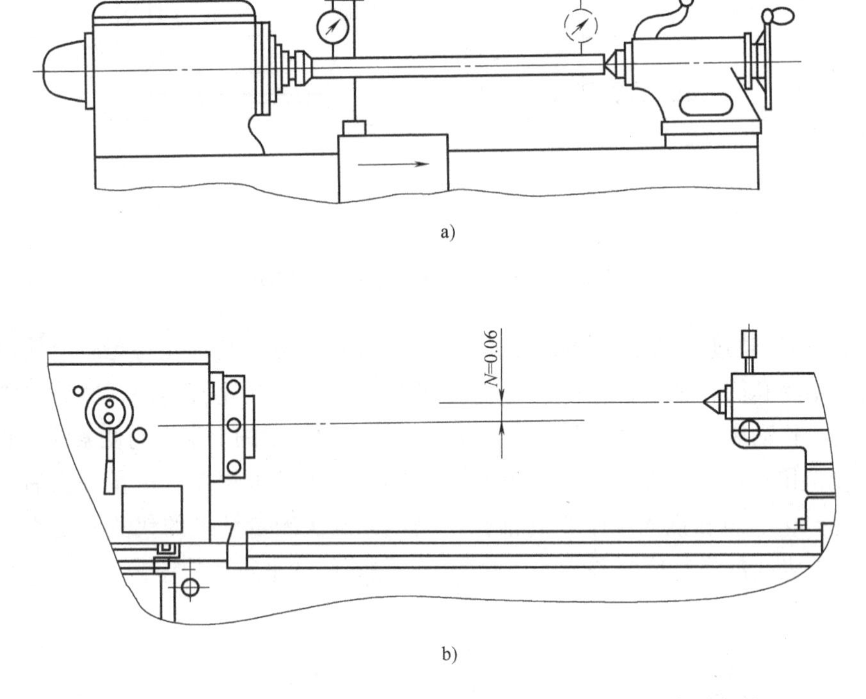

a)

b)

图4-4　主轴锥套孔轴线和尾座套筒孔轴线对床身导轨的等距度测量

【计划】

三、制定装调计划

5. 尾座的装调工艺流程是怎样的？

提高机床的装配精度是提高零件加工精度的重要措施之一，请按机床出厂要求装配车床尾座。方案的设计需要团队成员团结一致，分工协作完成。请将小组分工安排情况填入表4-1中。

装调工艺流程：

表 4-1　________方案设计小组工作分工安排表

序　号	工 作 内 容	负　责　人
1		
2		
3		
4		
5		
6		

【实施】

四、实施装调作业

6. 在机床生产过程中，应如何装配尾座?

1）先检查尾座各零部件是否齐全。

2）以床身导轨为基准，配刮尾座下垫 V 形导轨和平导轨，如图 4-5 所示。要求配合表面接触点为 6 个点/（25mm × 25mm），各结合面紧固前与紧固后不能插入 0.04mm 的塞尺。

3）将装好的尾座放在研好的尾座底座上，并用压板等件固定好。

4）检验床鞍移动轨迹对尾座套筒伸出部分轴线的平行度（见图 4-6），使其上的百分表在100mm内的读数差，即平行度误差，上素线公差为0.01/100，只许抬头；侧素线公差为0.03/100，只许里勾。

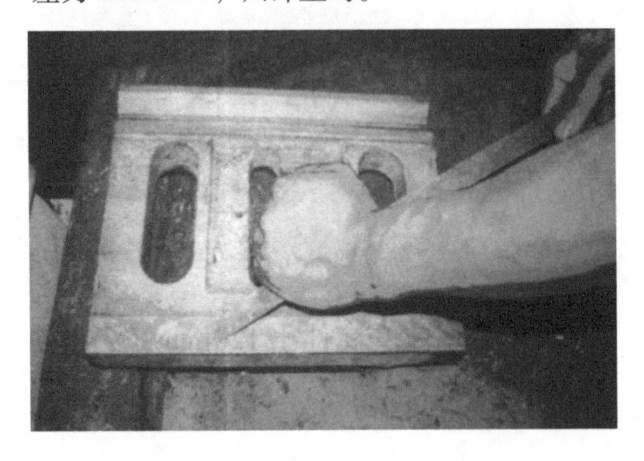

图4-5　配刮尾座下垫V形导轨和平导轨

图4-6　尾座套筒伸出部分轴线的平行度检测

5）检验床鞍移动轨迹对尾座套筒锥孔轴线的平行度（见图4-7），百分表在300mm长度范围内的读数差，上素线公差为0.03/300；侧素线公差为0.03/300。

6）检验主轴锥套孔轴线和尾座套筒孔轴线对床身导轨的等距度（见图4-8），等距度公差为0.06mm（只许尾座高）。

图4-7　尾座套筒锥孔轴线的平行度检测

图4-8　等距度检测

【评价反馈】

（一）学习反馈

1. 尾座装配的精度要求有哪些？各有什么要求？

2. 通过本学习任务，你会装配车床尾座吗？

3. 你对这个学习任务的学习是否满意？与小组内的其他同学合作是否愉快？

4. 你认为这个学习任务最难解决的是哪部分？

5. 你认为这个学习任务的设计与实现在哪些方面有待进一步改善？

签名：____________　　　　　　　　年　　月　　日

（二）自我评价与教师评价（包括专业能力和职业能力）

班级：　　　　　　姓名：　　　　　　学习任务名称：

目　标	评 价 项 目	每项分值	自我评价	教师评价
专业能力	1. 能否识读尾座装配图中的零部件名称	15		
	2. 能否叙述尾座的各项装配要求	15		
	3. 能否对尾座进行检验	10		
职业能力	4. 能否做好对尾座的拆装事项	10		
	5. 是否按工艺要求进行拆装	5		
	6. 尾座的装调是否达到精度要求	25		
素养	7. 工作着装是否规范	5		
	8. 是否主动参与工作现场的清洁和整理工作	5		
	9. 在本次学习任务的学习过程中，是否主动协调	5		
	10. 工作页填写情况	5		
总　评	合 计 总 分	100		

（三）小组评价

评价指标	评价情况
与其他同学口头交流学习内容是否顺畅	是：　　　否：
是否能接受小组成员的意见	是：　　　否：
是否服从教师的教学安排	是：　　　否：
是否服从组长的计划与实施安排	是：　　　否：
着装是否符合标准	是：　　　否：
能否正确地领会他人提出的学习问题	是：　　　否：
能否按照安全和规范的规程操作	是：　　　否：
能否辨别工作环境中哪些是危险的因素	是：　　　否：
能否合理规范地使用工具和仪器	是：　　　否：
能否保持学习工作环境的干净整洁	是：　　　否：
是否遵守学习场所的规章制度	是：　　　否：
是否有工作岗位的责任心	是：　　　否：
是否全勤	是：　　　否：
是否能正确对待自己的错误	是：　　　否：
是否能保持团队合作	是：　　　否：

参与评价的同学签名：　　　　　　　　　　年　　月　　日

（四）总体评价（学习进步方面、今后努力方向）

教师签名：　　年　　月　　日

学习任务五　普通机床溜板箱的装调

【学习目标】

学生在教师引导下查阅培训教材、普通机床结构图册等，明确装配要求；通过小组合作，讨论制定装配工艺和工作计划，在遵守安全操作规程的前提下，合理使用安装工具，进行普通机床溜板箱的安装调试。最后对已完成的工作任务进行记录、存档和评价反馈。

完成本学习任务后，你应当能够掌握以下内容：

① 根据普通机床溜板箱的装配图，叙述溜板箱零部件结构。

② 叙述普通机床溜板箱的工作原理。

③ 对普通机床溜板箱各零件进行检测与修配。

④ 根据普通机床溜板箱的结构，制订拆装工艺流程。

⑤ 在教师的指导下，按计划完成能完成溜板箱的拆装。

⑥ 完成普通机床溜板箱的装调任务并进行记录、存档和评价反馈。

【建议学时】 24 课时

【内容结构】

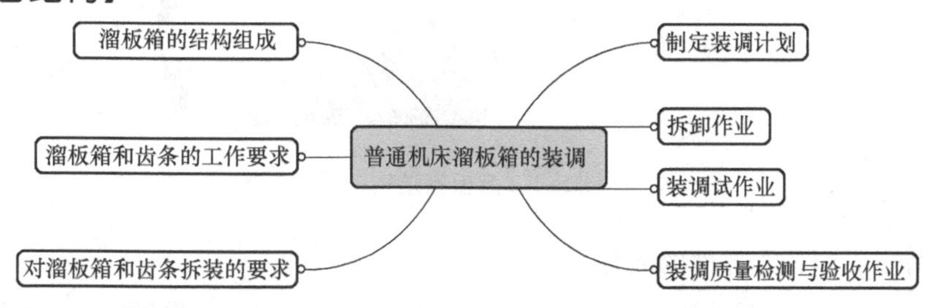

【学习任务描述】

根据普通机床机械维修车间要求对普通机床溜板箱进行拆装维修。维修人员要自行分析机床溜板箱技术图样；了解溜板箱的几何精度项目及其要求，制定溜板箱拆装工艺流程；选用要拆装的工量具对机床溜板箱进行拆装。对已完成的工作进行记录、存档，并自觉保持安全作业，遵守“6S”的工作要求。

【学习准备】

一、熟悉溜板箱结构

1. 溜板箱的作用是什么？由哪几部分组成？

溜板箱的作用是将进给箱的运动给刀架，并做纵、横向机动进给及车削螺纹运动的选择，同时有过载保护作用。溜板箱内部结构较复杂，如图5-1所示，主要零部件有传动齿轮机构、蜗杆蜗轮机构、滑动导轨等，根据卧式车床溜板箱的装配简图识读各零部件并了解其传动原理。

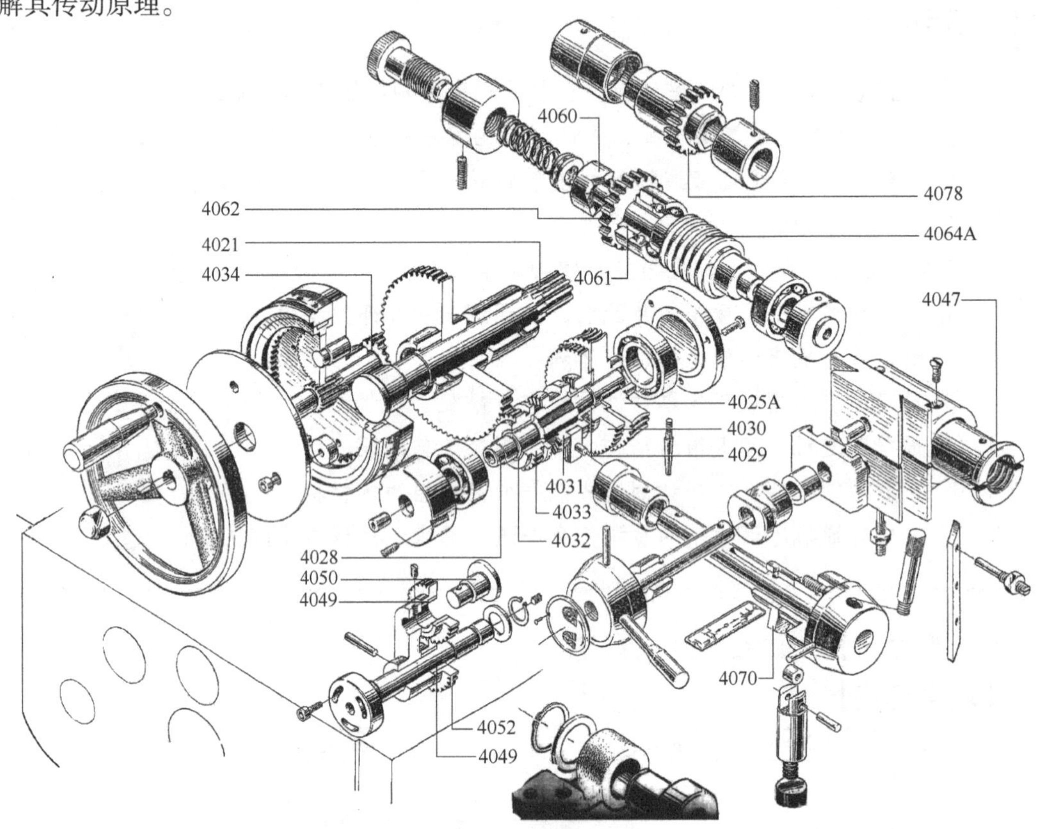

图5-1 溜板箱结构图

1）请写出下列各零部件的名称：

①4021 ________；②4033 ________；③4032 ________；④4034 ________；⑤4050 ________；⑥4052 ________；⑦4060 ________；⑧4078 ________；⑨4064A ________；⑩4047 ________；⑪4025A ________。

2）请拆开机床溜板箱，描述溜板箱实现自动切削和加工螺纹的工作过程。

二、明确齿条的安装要求

2. 齿条的安装有哪些技术要求？

卧式车床的齿条与溜板箱的轴齿相啮合，可实现床鞍纵向移动，它的啮合精度高低将影响到零件加工质量。图5-2所示为齿条的装配简图。

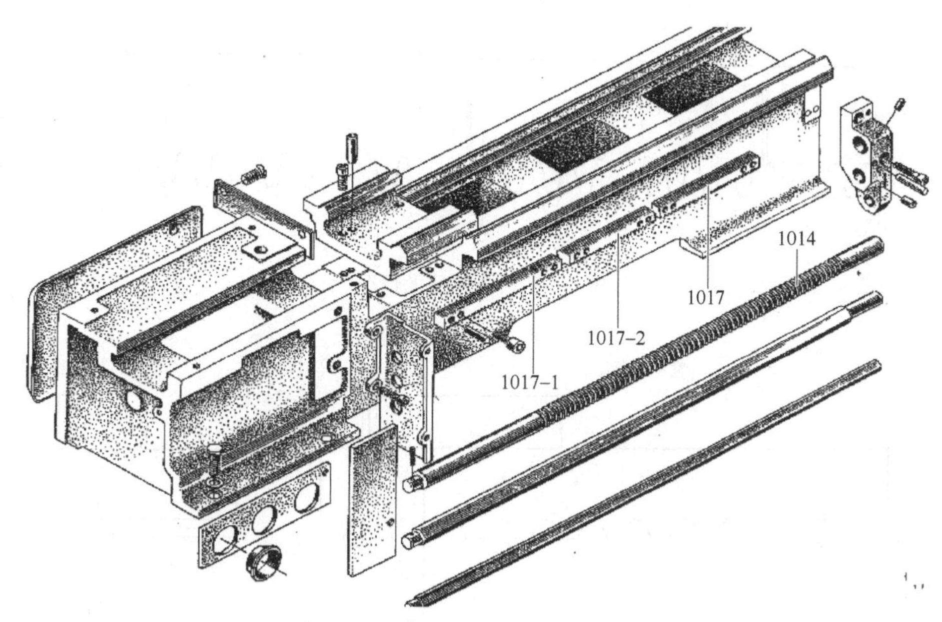

图5-2　齿条安装图

1）请写出各零部件的名称：

①1014 __________；②1017 __________。

2）溜板箱和齿条安装要求如下：

① 安装溜板箱时主要调整__________与溜板箱之间横向传动齿轮副的中心距，使齿轮副正确啮合，可通过纵向调整溜板箱位置调整齿轮的啮合间隙。调整好后，重新铰制定位销孔配制__________。

② 安装齿条时注意调整齿条的安装位置，使之与溜板箱纵向进给齿轮啮合__________适当，检查在床鞍和在床身上移动行程的全长上两者间的啮合__________。调整完成后重新__________齿条定位锥销孔，安装齿条。

3）齿条的安装技术要求如下：

溜板箱的运动依靠丝杠和__________及__________与床身上的__________啮合来实现。每一根齿条用两只内六角螺钉固定，用两只__________定位。齿条的两端部分需要进行再加工，这是由于一台车床的齿条有多根，对任意一个接口，当溜板箱与之啮合的齿轮经过该接口时，其啮合程度和精度都应和其他啮合__________，__________产生变化。如图 5-3 所示，齿条的安装有三种情况，对齿条端部再加工的方法是把齿条放在平板上，加工部分的周围划线，在靠近齿根中线偏左 0.5 ~ 1mm 用____________________划一条线，另一根则在靠近中线右侧 0.5 ~ 1mm 划一条线，然后通过____________________等手段将多余部分去掉，如图 5-4 所示。加工后将两齿条放在平板上，用第__________根齿条啮合这两根齿条，检查其接口情况。请你判断图 5-3 中三种情况的正误。图 5-5 所示为齿条的禁忌接法。

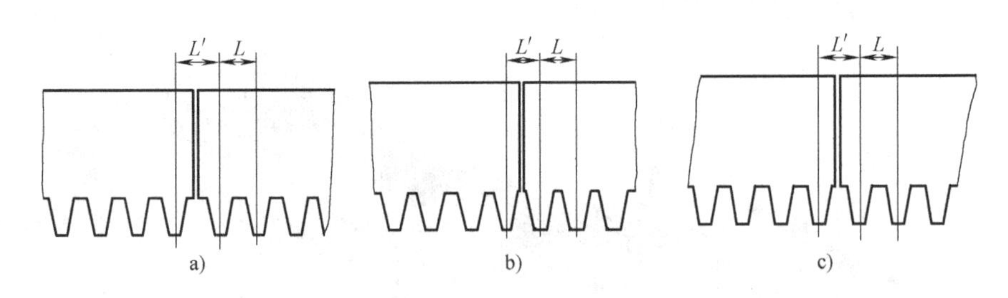

图 5-3　齿条安装的情况

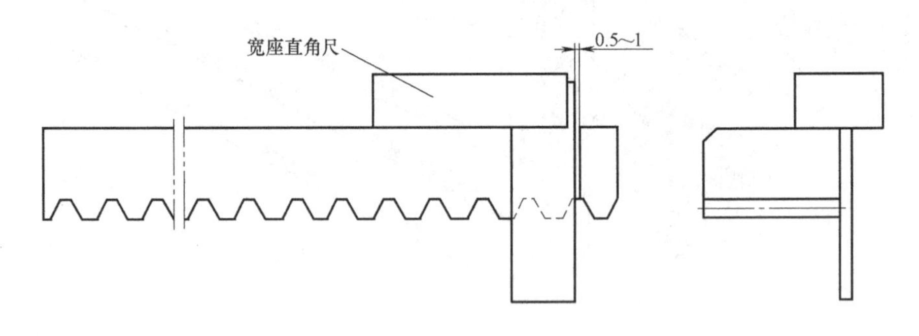

图 5-4　齿条定位划线

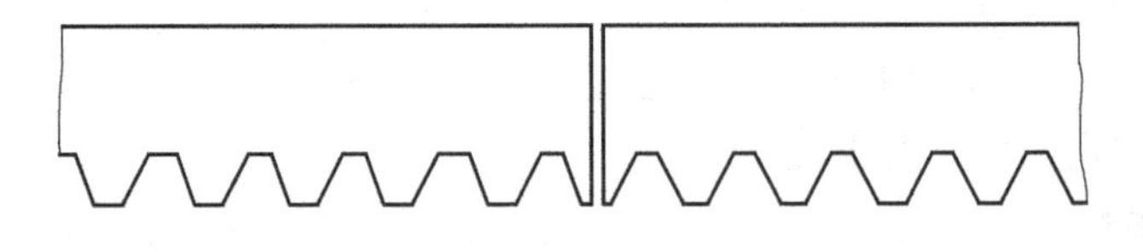

图 5-5　齿条禁忌接法

三、掌握溜板箱的拆装方法

3. 在拆装溜板箱过程中应注意哪些事项？

机床溜板箱结构复杂，包括开合螺母、传动机构、操纵手柄、蜗杆蜗轮、离合齿轮及各传动齿轮等。各零部件的安装质量将影响能否达到机床所需的功能。

1）溜板箱中齿轮、轴承主要装配的技术要求有哪些？

① 拆装滚动轴承应使用专用工具，严禁直接敲打。

② 轴承内外圈滚道与滚动体有麻点、锈蚀、裂纹或滚子过分松动时应更换。

③ 轴承装入轴颈后，其内圈端面必须紧贴轴肩或定位环，用0.05mm 塞尺检查，不得通过。

④ 齿轮孔与轴配合要适当，定位销的安装过程中要注意保护工艺螺纹。

⑤ 保证齿轮有准确的安装中心距和适当的齿侧间隙，保证齿面的接触要求。

⑥ 滑动齿轮不应有卡涩现象，且定位准确。

⑦ 装配时，对各配合部位应涂抹一层润滑油。

2）溜板箱的装配注意事项如下：

① 开合螺母与丝杠配合间隙的调整、定位，开合螺母在燕尾导轨中移动应灵活，无松动现象。

② 箱体较重且悬挂在床鞍上，拆装溜板箱时应采用平台支承，以防箱体跌落伤人。

③ 手柄扳动要灵活，定位正确。

3）蜗杆蜗轮轴的拆装要求如下：

① 注意蜗杆蜗轮轴的拆装顺序，先拆蜗杆，后拆蜗轮轴。

② 拆卸清洗后，检测蜗杆轴质量是否达到要求。

③ 蜗轮、蜗杆齿形表面不得有裂纹、毛刺、严重划伤等缺陷，轴颈不应有划痕、碰伤、毛刺等缺陷。

④ 轴颈的圆柱度为0.02mm，蜗杆的直线度为0.04mm/m。

⑤ 键槽磨损后，在结构及强度允许的情况下，可在原键槽120°位置上另铣键槽。

⑥ 轴严重磨损或有裂纹则不能继续使用。

注意：蜗杆和传动轴轴颈磨损后可采用喷涂、涂镀和电镀的方法修复。

四、掌握蜗轮、蜗杆的检测方法

4. 蜗轮、蜗杆装配后应如何检测?

1）蜗轮、蜗杆应正确啮合，啮合接触面积应符合表5-1规定，正确的接触位置应接近蜗杆出口处，不得左右偏移，如图5-6所示。

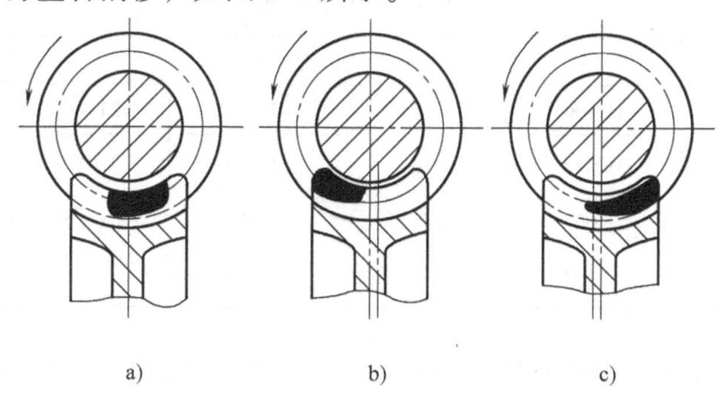

图5-6　蜗轮齿表面的啮合接触面积分布图

a）正确啮合　b）涡轮向左偏移　c）涡轮向右偏移

表 5-1 啮合接触面积

接触面积（%）	精度等级		
	7	8	9
沿齿高不少于	60	50	30
沿齿长不少于	65	50	35

2）蜗轮、蜗扦啮合的侧隙应符合表 5-2 的规定。侧隙可用千分表测量，如图 5-7 所示。

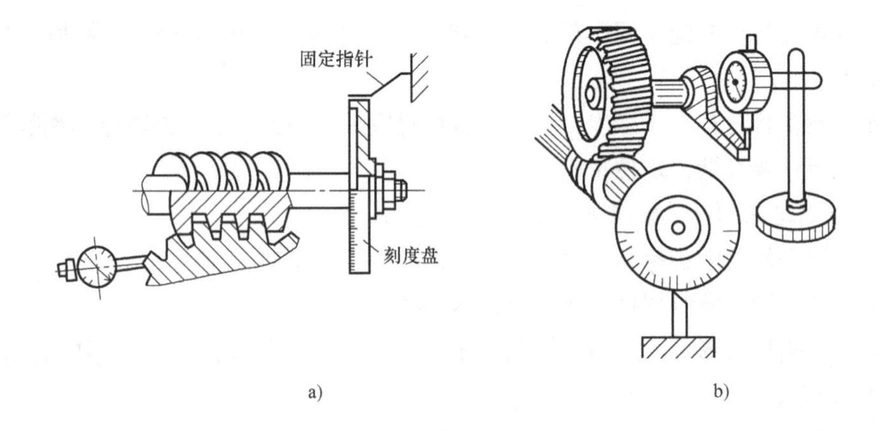

图 5-7 蜗杆传动机构侧隙的检验

表 5-2 侧隙偏差 （单位：mm）

项 目	中 心 距					
	41～80	81～160	161～320	321～630	631～1250	>1250
侧隙	0.095 0.190	0.130 0.260	0.190 0.380	0.260 0.530	0.380 0.750	0.530 1.100

3）蜗轮、蜗杆中心距偏差，其极限偏差应符合表 5-3 规定。可用心棒法测量。

表 5-3 中心距偏差 （单位：mm）

精度等级	中 心 距					
	～40	41～80	81～160	161～320	321～630	631～1250
7	0.039	0.042	0.055	0.070	0.085	0.110
8	0.048	0.065	0.090	0.110	0.120	0.180
9	0.075	0.105	0.140	0.180	0.210	0.280

4）蜗轮、蜗杆中心线的垂直度如图 5-8 所示，其中心线在齿宽上的垂直度应符合表 5-4 的规定。可用心棒配合千分表进行测量。

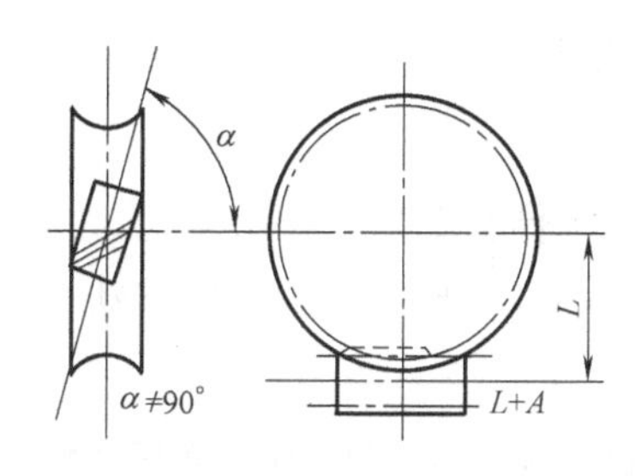

图 5-8　蜗轮、蜗杆中心线的垂直度

表 5-4　垂直度要求　　（单位：μm）

精度等级	法向模数				
	1～2.5	2.5～6	6～10	10～16	16～30
7	33	18	26	36	58
8	17	22	34	45	75
9	21	28	32	42	95

5）蜗轮中间平面与蜗杆中心线的偏移量检查方法如图 5-9 所示，其极限偏差值应符合表 5-5 的规定。

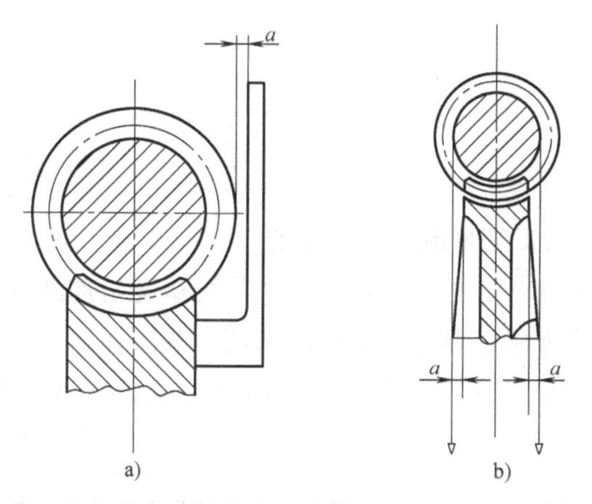

图 5-9　蜗轮中间平面与蜗杆中心之间的偏移量检查方法

a）用样板检查　b）用持线法检查

表 5-5　偏移量的极限偏差值

精度等级	中心距/mm					
	0～40	41～80	81～160	161～320	321～630	631～1250
7	0.022	±0.034	±0.042	±0.052	±0.065	±0.080
8	±0.036	±0.052	±0.065	±10.095	±0.105	±0.120
9	±0.055	±0.085	±0.106	±0.230	±0.170	±0.200

五、明确溜板箱动作试验要求

5. 溜板箱装配后要达到什么要求?

1）用一个适当的速度检验主运动和进给运动的启动、停止（包括制动、反转和点动等）动作是否灵活、可靠。

2）检验自动机构（包括自动循环机构）的调整和动作是否灵活、可靠。

3）反复变换主运动和进给运动的速度，检查变速机构是否灵活、可靠以及指示的准确性。

4）检验转位、定位、分度机构动作是否灵活、可靠。

5）检验调整机构、夹紧机构、读数指示装置和其他附属装置是否灵活、可靠。

6）检验装卸工件、刀具、量具和附件是否灵活、可靠。

7）与机床连接的随机附件应在该机床上试运转，检查其相互关系是否符合设计要求。

8）检验其他操纵机构是否灵活、可靠。

9）检验有刻度装置的手轮反向空量程及手轮、手柄的操纵力。空量程应符合有关标准的规定。

【计划】

六、制定装调计划

6. 溜板箱的装调工艺量流程是怎样的?

溜板箱是车床的重要部件，提高床溜板箱的装配精度是提高机床总装配精度的重要措施之一，请机床出厂标准要求，制定出合理的装调工艺流程。

方案的设计需要团队成员团结一致，分工协助完成。请将小组分工安排情况填入表5-6中。

表5-6 ＿＿＿＿＿方案设计小组工作分工安排表

序　号	工作内容	负　责　人
1		
2		
3		
4		
5		
6		

【实施】

七、实施装调作业

7. 如何对溜板箱和齿条进行拆装?

（1）拆装前的准备工作

1）按__________及有关资料，了解该部位的机械结构及各部件关系。

2）根据自己制订的__________来保证拆装质量。

3）__________将要拆卸位部位各相关的零部件。

（2）拆卸工作阶段

溜板箱结构图如图 5-1 所示。

第一步：拆下 ϕ8mm 定位锥销，旋下固定溜板箱__________个内六方螺栓，取出溜板箱。

第二步：将溜板箱各个传动__________的连接销打出，取下所有操纵手柄。

第三步：松开所有轴端骑缝螺钉及轴上零件紧固的____________。

第四步：用______________将轴与轴承套一起拉出，同时取出轴上零件。

第五步：打出蜗杆万向接头锥销，使蜗杆与传动机构__________即可将蜗杆整体取出。

第六步：松开______________下部限位螺钉，松开侧面调整螺钉，同时转动圆盘，则可将上、下开合螺母旋出。

第七步：溜板箱各零部件的拆卸。

（3）清洗、检测及修复工作阶段

清洗拆卸各传动零件；检查测量溜板箱的主要零部件的精度；将结果记录在表5-7中，对不合格的零部件进行绘图，进行加工或购买。

表 5-7　溜板箱主要零部件的精度

检查主要零部件	检查结果		
	正　常	不　正　常	处理措施
齿轮磨损情况			
轴承游隙			

（4）溜板箱和齿条的装配与调整

第一步：如图 5-10 所示，轴套与轴、轴套与箱体孔要______________试装。

第二步：在箱体孔和轴套制造精度都较高的情况下，手持轴套，认准轴孔，用塑料棒轻轻击打两三次即能______________的情况下达到要求。

第三步：保证轴套与轴有一定的______________，如果轴套孔小需要铰孔，轴套的壁较薄，需要两块______________，钻孔与等径的孔作为辅助，以防轴套变形。

第四步：对准轴套的油孔，通过______________，使豁口朝向箱体内，最后确定轴的轴向位置。

第五步：配好光杠齿轮和装在溜板箱上的开关杠手柄的键，并试一试。对正固定镶在溜板箱体上的光杠齿轮套的紧定钉孔。套上的油孔与箱体上的油管______________。

第六步：成组安装脱落蜗杆，并调整好______________。它的铸铁支架两侧各有______________，用纯铜棒轻轻敲入，再将蜗杆放正。

第七步：调整蜗轮的啮合位置，然后将蜗轮上的紧定螺钉和骑缝螺钉孔钻出（全新安装时）。

第八步：总装完毕，各个润滑点上加少许______________，用手转动光杠齿轮，手感力要______________，变换各手柄的位置，采用手柄脱开部分齿轮逐段检查的方法检验。

第九步：将齿条安装到床身，用第三根齿条进行跨接，并用______________形卡头固定，如图 5-11 所示，确认位置正确后，进行钻孔、攻螺纹、铰制定位销孔的工作。

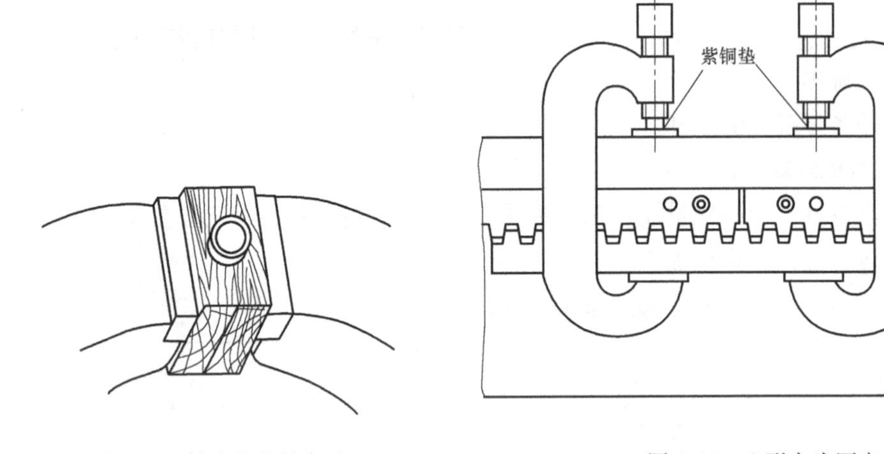

图 5-10　轴套的夹持方法

图 5-11　C 形卡头固定齿条

（5）溜板箱和齿条的装配精度检测

溜板箱与床鞍用内六角螺钉联接。溜板箱是后面调节进给箱、溜板箱和后支架丝杠安装孔三点同轴的______________。

第一步：校正______________中心线与床身导轨平行度。在溜板箱的开合螺母体内装一检验心轴，在床身检验桥板上紧固中心测量工具，如图 5-12 所示，分别在心轴两端上母线和侧母线用百分表测量，其误差值应在 0.15mm 以内。

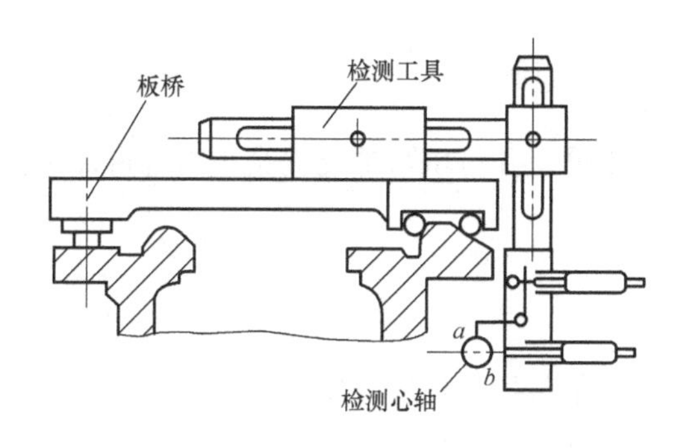

图 5-12　开合螺母中心线与床身导轨平行度检查

第二步：溜板箱左右位置的确定。左右移动溜板箱，使床鞍横向进给齿轮副有合适的齿侧______________，如图 5-13 所示。用白纸（约______________ mm）压痕，如呈现将断不断的状态即为正常侧隙。

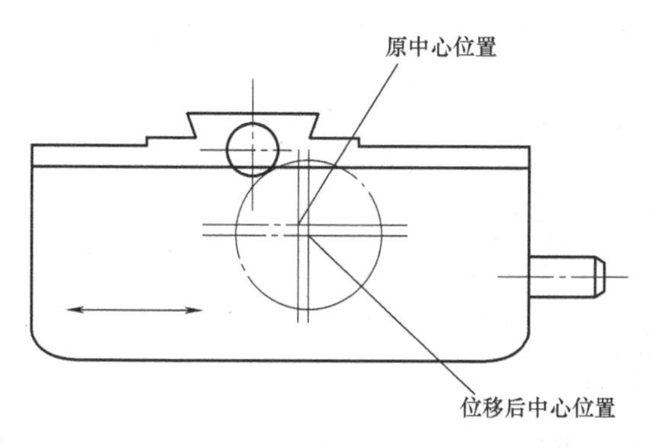

图 5-13　调整进给齿轮

第三步：溜板箱最后定位。待调节到进给箱和丝杠后支架、溜板箱三处中心______________合格后，用锥销给溜板箱______________。

精度检测结果填入表 5-8 中。

表 5-8　精度检测记录表

项目 / 位置	标准精度公差	实际测量公差	备　注
进给齿轮副齿侧间隙	约 0.08mm 压痕		
开合螺母中心线与床身导轨平行度	上母线 0.15mm 侧母线为 0.15mm		
三者同轴度	<0.015mm		

第四步：齿轮接触面及间隙精度检验与主轴齿轮检测方法一样。

【评价与反馈】

（一）学习反馈

1）按要求认真填写工作页，并将填写情况提交小组进行评价。

2）总结归纳溜板箱和齿条装配的精度要求。

（二）自我评价与教师评价（包括专业能力和职业能力）

班级：　　　　　　　　姓名：　　　　　　　　学习任务名称：

目　　标	评 价 项 目	每项分值	自我评价	教师评价
专业能力	1. 能否识读溜板箱装配图中的零部件名称	15		
	2. 能否叙述溜板箱的工作原理	15		
	3. 能否叙述溜板箱和齿条的装配要求	10		
职业能力	4. 能否做好对溜板箱和齿条的拆装事项	10		
	5. 是否按工艺要求进行拆装	10		
	6. 溜板箱和齿条的装调是否达到精度要求	20		
素养	7. 工作着装是否规范	5		
	8. 是否主动参与工作现场的清洁和整理工作	5		
	9. 在本次学习任务的学习过程中，是否主动协调	5		
	10. 工作页填写情况	5		
总　　评	合 计 总 分	100		

（三）小组评价

评 价 指 标	评 价 情 况	
与其他同学口头交流学习内容是否顺畅	是：	否：
是否能接受小组成员的意见	是：	否：
是否服从教师的教学安排	是：	否：
是否服从组长的计划与实施安排	是：	否：
着装是否符合标准	是：	否：
能否正确地领会他人提出的学习问题	能：	否：
能否按照安全和规范的规程操作	能：	否：

（续）

评价指标	评价情况	
能否辨别工作环境中哪些是危险的因素	能：	否：
能否合理规范地使用工具和仪器	能：	否：
能否保持学习工作环境的干净整洁	能：	否：
是否遵守学习场所的规章制度	是：	否：
是否有工作岗位的责任心	是：	否：
是否全勤	是：	否：
是否能正确对待自己的错误	是：	否：
是否能保持团队合作	是：	否：

参与评价的同学签名：________________　　　　年　　月　　日

（四）总体评价（学习进步方面、今后努力方向）

教师签名：　　年　　月　　日

学习任务六　普通机床进给箱和丝杠后托架的装调

【学习目标】

学生在教师引导下查阅培训教材、普通机床结构图册等，明确装配要求；通过小组合作，讨论制定装配工艺和工作计划，在遵守安全操作规程的前提下，合理使用安装工具，进行普通机床进给箱和丝杠后托架安装调试。最后对已完成的工作任务进行记录、存档和评价反馈。

完成本学习任务后，你应当能够掌握以下内容：

① 根据装配图，叙述进给箱零部件结构。

② 叙述普通机床进给箱的传动原理。

③ 对进给箱各零件进行检测与修配。

④ 根据进给箱传动原理，制订拆装工艺流程。

⑤ 在教师的指导下，按计划完成进给箱和丝杠后托架的拆装。

⑥ 完成普通机床进给箱和丝杠后托架装调的任务并进行记录、存档和评价反馈。

【建议学时】 24 课时

【内容结构】

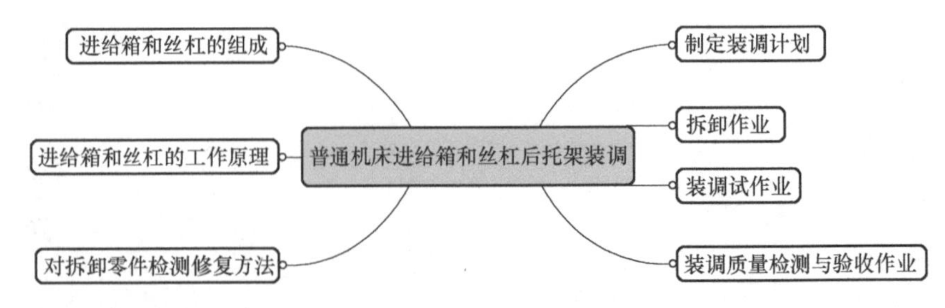

【学习任务描述】

根据普通机床机械维修车间要求，对普通机床进给箱和丝杠后托架进行维修拆装。折装人员要自行分析机床进给箱和丝杠后托架拆装技术图样；制定普通机床进给箱和丝杠后托架拆装工艺流程；合理选用拆装的的工量具对进给箱和丝杠后托架进行拆装工作。对已完成的工作进行记录、存档，并自觉保持安全作业，遵守“6S”的工作要求。

【学习准备】

一、熟悉进给箱结构原理

1. 进给箱（图6-1）由哪几部分组成？

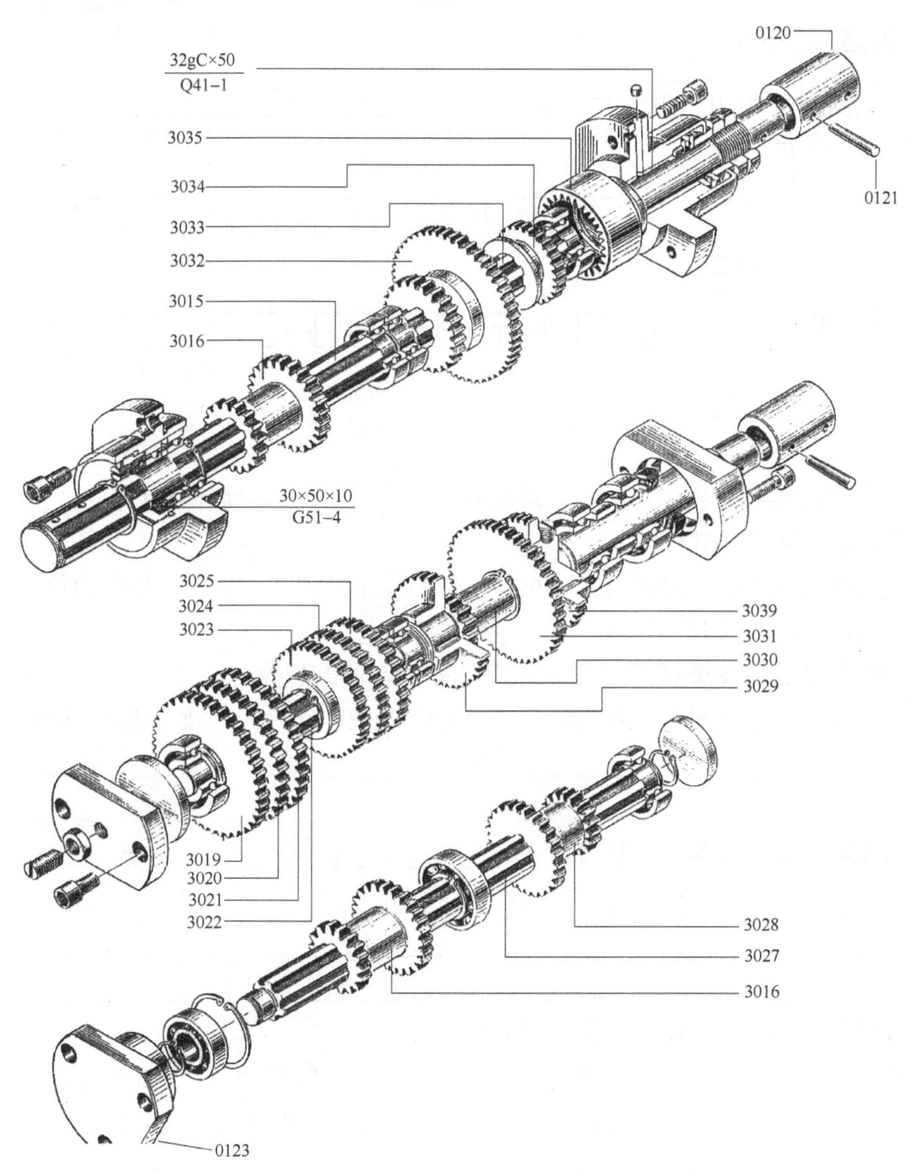

图6-1　进给箱

1. 由哪几部组成？

1）根据普通车床进给箱的展开图 6-1 写出图上各零部件的名称。

①Q41—1 __________；②3035 __________；齿数 = __________；齿顶圆直径 = __________；③3032 __________；齿数 = __________，齿顶圆直径 = __________；④3015 __________，齿数 = __________；⑤3016 __________，齿数 = __________；⑥G51—4 __________；⑦3030 __________；⑧3022 __________；⑨3027 __________；⑩3028 __________；⑪3029 __________，齿数 = __________，齿顶圆直径 = __________；⑫0120 __________；⑬0121 __________；⑭0123 __________。

2）简述传动原理，填写图 6-2。

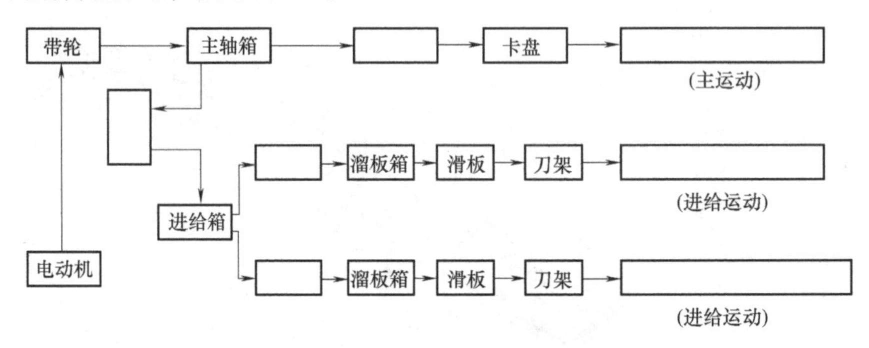

图 6-2 进给传动原理

① 挂轮箱主要用于把__________的转动传给__________，调换箱内__________，并和进给箱配合，可以车削不同__________。

② 进给箱主要用于安装进给变速机构。它的作用是把从主轴经挂轮机构传来的运动传给光杠或丝杠，取得不同的__________和__________。

3）拆开机床进给箱的端盖，描述进给切削时齿轮传动过程。

① 车丝杠转动：主轴⟶挂齿轮⟶（如：轴 3015）⟶（如：齿轮 3016）⟶。

____

____。

② 车螺纹转动：主轴⟶挂齿轮⟶____

____

____

____。

4）根据丝杠装配图写出下列各零部件的名称；

①1014 __________，螺距 = __________，直径 = __________；②0124 __________；③0125 __________；④0126 __________；⑤1017 __________。

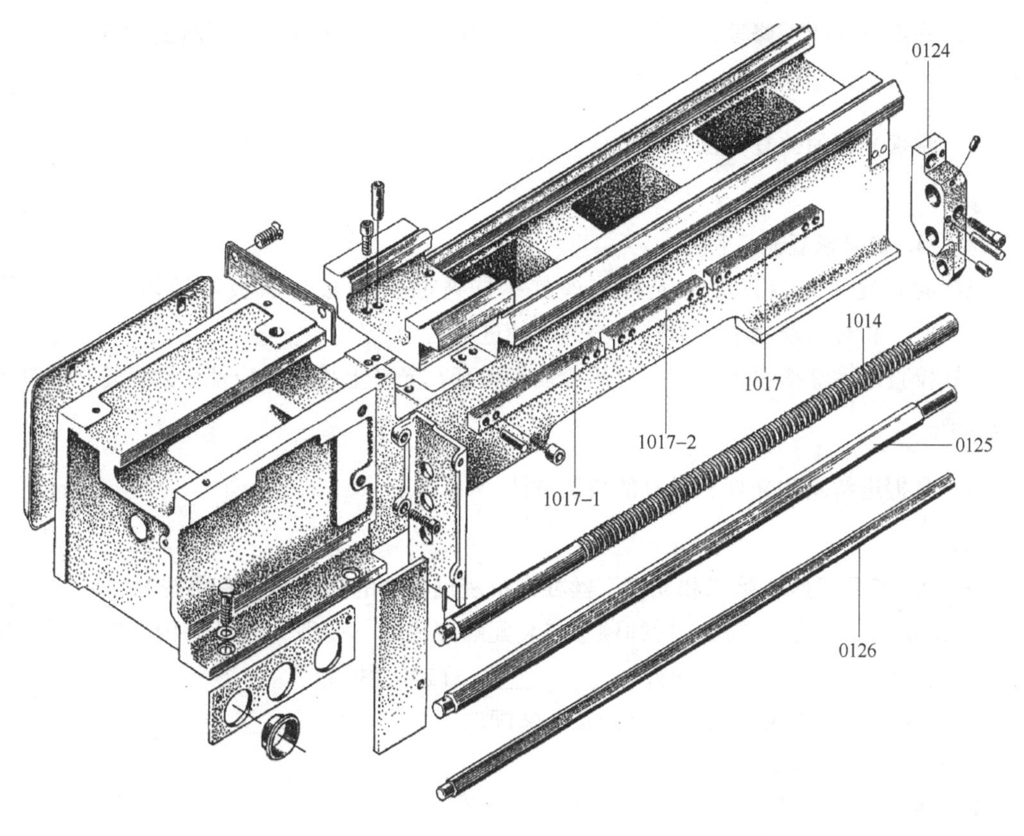

图 6-3　丝杠装配图

2. 普通机床光杠、丝杠的作用是什么？

切削螺纹工件的质量好坏，取决于丝杠的__________、丝杠与__________的啮合质量及其稳定性。由于整个丝杠都暴露在外，防尘条件较差，容易发生磨料磨损，导致丝杠各段__________不等的现象产生。同时，溜板箱（连同开合螺母）下沉，促使丝杠__________，丝杠回转产生__________。

二、掌握丝杠的修理方法

3. 拆装过程中发现变形或损坏应怎样进行校正与维修？

一般修理丝杠—螺母副的方法是修丝杠、配螺母。丝杠的修理工艺如下：

① 校直。校直丝杠的__________变形时，要尽量消除__________；常用__________法及__________法（用木槌等）来校直，但在修车螺纹及使用过程中容易再次变形，因此在可能的情况下可增加__________时效处理工序。

② 精修丝杠外径。必须确保丝杠外径在全长上尺寸的一致，因为在修车螺纹及总装校表时都是以丝杠__________为基准进行的。

③ 精车螺纹。在修理前，要检查丝杠的__________误差和累积误差，根据最大的修

理余量，确定丝杠能否修复，以免精车到丝杠末尾部分时出现螺纹齿厚减弱过度，影响丝杠强度。

三、掌握光杠的修复方法

4. 如何修复光杠?

光杠的修复是校直，因为光杠与丝杠一同弯曲后势必与溜板箱的传动齿轮轴孔__________，相对移动受阻，回转不均匀，使进给运动产生__________。

光杠校直后键盘槽也需修正，可用传动齿轮套在光杠上检验，应使传动齿轮在光杠上移动灵活。

四、掌握进给箱和光杠、丝杠的拆装方法

5. 普通机床进给箱和光杠、丝杠在拆装过程中的注意事项有哪些?

1）确定拆卸的常用方法：拆卸顺序与装配顺序相反，一般为先外后内，先上后下的原则，它包括：__________；拉卸；__________；破坏性拆卸。

2）确定装配的常用方法，有互配法、选配法、__________、__________。

3）拆装注意事项如下：

① 重要油路等要做__________。

② 拆卸零部件__________排列，细小件要放入原位。

③ 轴类配合件要按原顺序装回__________，细长轴__________悬挂放置。

④ 成组螺栓装配顺序：分次、__________、逐步旋紧。

⑤ 装配前应检查箱体上__________，防止润滑不良或脏物进入传动件内。

⑥ 装配进要按__________确定每一齿轮的装配顺序。

⑦ 各轴承__________调整好后一定要将锁紧螺钉拧紧，拆卸时要检查锁紧螺钉是否已__________。

⑧ 装配完成后要逐一检查齿轮的轴向位置。

【计划】

五、制定装调计划

6. 进给箱和丝杠后托架的装调工艺量流程是怎样的?

提高机床的装配精度是提高零件加工精度的重要措施之一，请按机床出厂要求，制定出合理的装调工艺量流程。

装调工艺流程：

方案的设计需要团队成员团结一致，分工协助完成。请将小组分工安排情况填入表6-1中。

表6-1　__________方案设计小组工作分工安排表

序　号	工作内容	负　责　人
1		
2		
3		
4		
5		
6		

【实施】

六、实施装调作业

7. 如何对进给箱和丝杠后托架进行拆装？

（1）拆装前的工作

1）按装配图及有关资料，了解该部位的机械结构及各部件关系。

2）根据自己制订的工序卡来保证拆装方法、程序和使用的工夹具正确与合理。

3）__________、清洗拆卸位部位及各相关的零部件。

4）检查进给箱及丝杠及光杠部位的零部件是否有损伤或有裂痕，检查结果填入表6-2。

表6-2　进给箱、丝杠及光杠的检查

检查项目	检查结果		
	正　常	不　正　常	处理措施
进给箱端面/轴承			
进给箱齿轮			
光杠/丝杠			
开合螺母			
轴座及轴承			

（2）拆卸工作阶段

第一步：拆下__________，开合螺母由上、下两个半螺母组成，转动手柄开合螺母可上下移动，实现与丝杠的啮合、脱开，取出丝杠、光杠，抽出操纵杠。

第二步：首先拆除所有端盖、法兰盘紧固螺钉及面板紧固螺钉、定位销，将面板及端盖拆下。

第三步：看清轴的阶梯方向，拆除轴上的轴向__________零件（如圆螺母、紧固螺钉、弹簧挡圈等），特别是要______________装在轴上的齿轮、套、不能穿过轴承孔的紧固件等，并注意轴上的键是否随轴通过各孔，如不能要及时取出。

第四步：然后使用拉卸器，将拉头螺钉旋入各轴端螺孔（拆卸专用螺孔），向左或首先松掉所有端盖、法兰盘紧固螺钉及面板紧固螺钉、__________销，将面板及端盖拆下。

第五步：看清轴的阶梯方向右将__________抽出，同时将轴上零件取出，并摆放整齐。

（3）清洗、检测及修复工作阶段。

1）______________拆卸的各传动零件。

2）检查测量进给箱和三杠的主要零部件的精度，将结果记录到表6-3中，对不合格的零部件进行绘图，加工或购买。

表 6-3　进给箱和三杠的主要零部件检查

检查项目	检查结果		
	正　常	不　正　常	处理措施
三杠直线度及同轴度			
齿轮磨损情况			
轴承游隙			
密封垫			
齿轮轴直线度			
键及键槽			

（4）进给箱、丝杠、光杠的装配。

第一步：进给箱的装配。

第二步：有的零件可先行__________成一组件，如丝杠连接套验件等，这样会大大缩短总装时间，并提高装配质量。

第三步：进给箱箱体装配时可放置在工作台上，放置的方法如图 6-4 所示，由于进给箱箱壁较薄，装配各传动轴时__________大锤猛击，使用 1.5kg 锤子和__________棒即可。

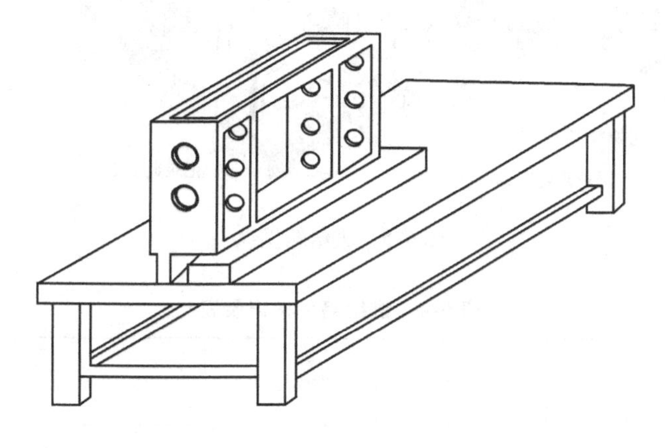

图 6-4　进给箱放置位置

第四步：进给箱输入轴上左端的轴承因润滑条件差，可以在装配时涂以__________，将该齿轮拨到__________挡，按主轴箱传动轴调整方法调整__________间隙，并安装紧定螺钉。

第五步：检查各__________及__________的装配位置是否正确，轴上各齿轮的啮合情况，将进给箱手柄各个挡位逐个实验，方法如下：

① 将进给箱手柄放在 1 的位置，用手转动进给箱输入__________，转动时要慢，用手来感觉__________情况，不能有忽松忽紧的情况。手感没有问题后，可将进给箱手柄移动到 2，方法同上，依次类推。

② 如果发现有忽松忽紧的情况，甚至有时根本转不动，可将其他__________脱开检查。如果不是__________过紧，便是__________位置不正确。即塔轮可能偏左或偏右，调整该轴位置，直到顺畅。

③ 在每一位置时，用手转动进给箱输入轴的力都__________，并且用不大的力就能转动即可认为调整完毕。

④ 检查丝杠、光杠变换齿轮应有__________挡位置，即该齿轮须完全脱开光杠齿轮的情况下，尚未与丝杠输入轴的内齿齿轮__________为正确。

拆装小技巧：

对旧机床拆卸维修时，拆卸前对进给箱操纵手柄的挡位作记录，拆卸进给箱端盖后对齿轮的位置进行记录（如图 6-5 所示），安装时将此位置对好即可，这样效率较高。将记录结果填入表 6-4 中。

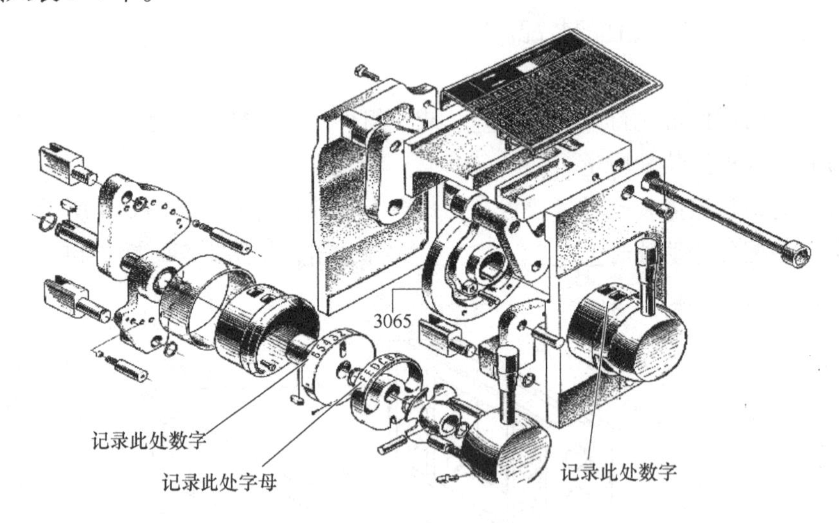

图 6-5　进给箱操纵

表 6-4　进给箱手柄记录表

项目 位置	字母	数字	齿轮位置	齿数	标记号

第六步：将丝杠、光杠、操纵杠安装在机床上。

第七步：进给箱、丝杠、光杠的调整。

① 安装时按图 6-6 所示，在进给箱、溜板箱、后托架的丝杠安装孔中，各装入一根外伸端直径相等的__________（或用丝杠代替），测量其与导轨的平行度误差，要求在开合螺母合拢情况下进行测量。

② 调整进给箱和后托架丝杠安装孔中心线与床身导轨的__________度，用桥尺专用量具检测（见图 6-6）。平行度公差上母线为 0.02mm/100mm，只许向上偏；侧母线为

0.01mm/100mm，只许向________偏。

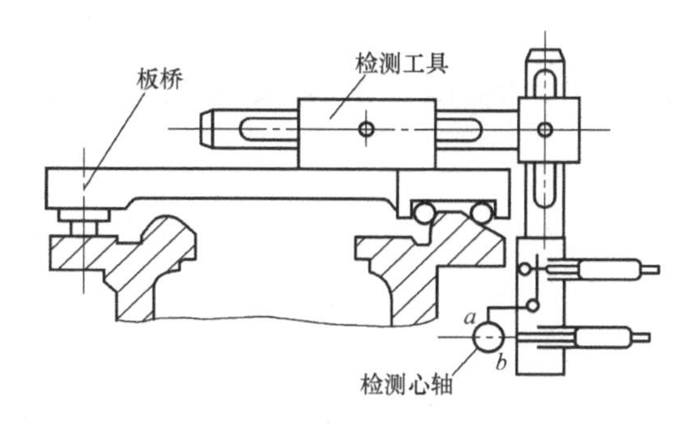

图 6-6　三杠中心线与床身导轨平行度

③ 调整进给箱、溜板箱、后托架三者丝杠安装孔的________度，以溜板箱丝杠孔中心线为基准，使丝杠与支承孔同轴，如图 6-7 所示。

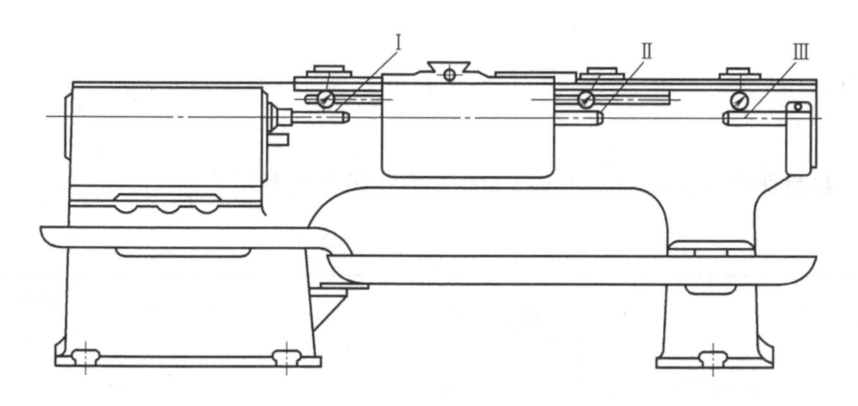

图 6-7　丝杠三点同轴度测量

将检测结果记录在表 6-5 中。

表 6-5　检测精度记录表

项目 / 位置	标准精度公差	实际测量公差	备　注
丝杠轴向间隙	0.02mm		
平行度	上母线为 0.02mm/100mm 侧母线为 0.01mm/100mm		
丝杠轴向窜动	0.015mm		
三者同轴度	<0.015mm		

④ 进给箱、溜板箱部件的空运转试验要求及调整方法如下：各种进给及换向手柄应与标牌相符，固定可靠，相互间的互锁动作可靠。调整安装完毕后，使各个手柄操作自如可靠。

【评价与反馈】

（一）学习反馈

1）按要求认真填写工作页，并将填写情况提交小组进行评价。

2）总结归纳进给箱、光杠、丝杠的调整精度要求。

（二）自我评价与教师评价（包括专业能力和职业能力）

班级：　　　　　　　　姓名：　　　　　　　　学习任务名称：

目　标	评 价 项 目	每项分值	自我评价	教师评价
专业能力	1. 能否识读进给箱装配图中的零部件名称	15		
	2. 能否叙述进给箱传动工作原理	15		
	3. 能否对进给箱、光杠与丝杠进行校正与修复	10		
职业能力	4. 能否做好对进给箱、光杠与丝杠的拆装事项	10		
	5. 是否按工艺要求进行拆装	5		
	6. 进给箱、光杠与丝杠的装调是否达到精度要求	25		
素　养	7. 工作着装是否规范	5		
	8. 是否主动参与工作现场的清洁和整理工作	5		
	9. 在本次学习任务的学习过程中，是否主动协调	5		
	10. 工作页填写情况	5		
总　评	合 计 总 分	100		

（三）小组评价

评价指标	评价情况	
与其他同学口头交流学习内容是否顺畅	是：	否：
是否能接受小组成员的意见	是：	否：
是否服从教师的教学安排	是：	否：
是否服从组长的计划与实施安排	是：	否：
着装是否符合标准	是：	否：
能否正确地领会他人提出的学习问题	能：	否：
能否按照安全和规范的规程操作	能：	否：
能否辨别工作环境中哪些是危险的因素	能：	否：
能否合理规范地使用工具和仪器	能：	否：
能否保持学习工作环境的干净整洁	能：	否：
是否遵守学习场所的规章制度	是：	否：
是否有工作岗位的责任心	是：	否：
是否全勤	是：	否：
是否能正确对待自己的错误	是：	否：
是否能保持团队合作	是：	否：

参与评价的同学签名：＿＿＿＿＿＿　　　　　　年　　月　　日

（四）总体评价（学习进步方面、今后努力方向）：

教师签名：　　　年　　月　　日

学习任务七　普通机床试车和验收

【学习目标】

学生在教师引导下查阅培训教材、普通机床结构图册等，明确装配要求；通过小组合作，讨论制订工作计划，在遵守安全操作规程的前提下，合理使用工量具，进行普通机床试车和验收。最后对已完成的工作任务进行记录、存档和评价反馈。

完成本学习任务后，你应当能够掌握以下内容：

① 叙述普通机床试车和验收项目。

② 根据卧式车床几何精度检验标准（GB/T 4020—1997）制订试车工艺流程。

③ 进行静态检查、空运转试验、负荷试验等试车和验收。

④ 试车后根据标准判断装调机床精度。

⑤ 完成普通机床试车和验收的任务并进行记录、存档和评价反馈。

【建议学时】 24 课时

【内容结构】

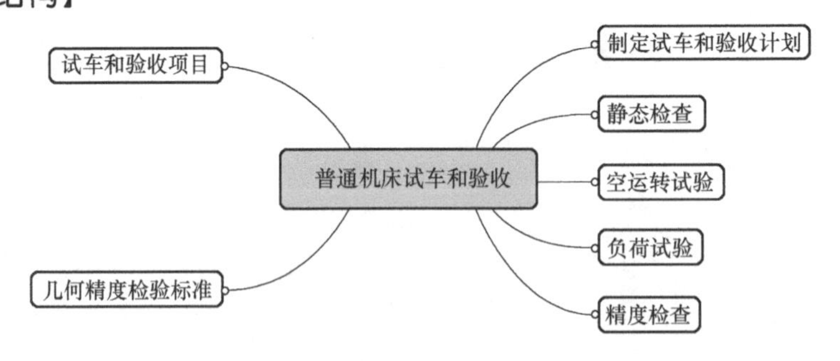

【学习任务描述】

根据普通机床机械维修车间要求，装配完毕的普通机床必须进行试车和验收。装配人员要根据普通机床试车的验收标准及安全规范要求进行试车和验收。在试车时制定合理的试车工艺，并采用卧式车床几何精度检验标准（GB/T 4020—1997），对机床进行静态检查、空运转试验、负荷试验、精度检验等项目进行试车和验收。并对已完成的工作进行记录、存档，并自觉保持安全作业，遵守“6S”的工作要求。

【学习准备】

一、熟悉静态检查工作

1. 静态检查需要做哪些工作?

静态检查是车床进行性能试验之前的检查，主要检查车床各部位是否安全、可靠，以保证试车时不出事故。

1）用手转动各转动件，应运转灵活。

2）变速手柄和换向手柄应操纵灵活、定位准确，安全可靠。手轮和手柄转动时，转动力不应超过80N。

3）移动机构的反向空行程应尽量小。

4）各滑动导轨在行程范围内移动时，应轻重均匀和平稳。

5）顶尖套在尾座孔中作全长伸缩，应运动灵活无阻滞，手轮转动轻快，锁紧机构灵敏无卡死现象。

6）开合螺母机构开合可靠，无阻滞或过松的感觉。

7）安全保护装置应灵活可靠，在超负荷时能及时切断运动。

8）交换齿轮架交换齿轮间的侧隙适当，固定装置可靠。

9）润滑系统畅通，油液清洁，标记清楚。

10）电气设备的启动和停止应安全可靠。

二、熟悉空运转试验工作

2. 空运转试验需要做哪些工作呢?

空运转试验是在机床无负荷的状态下进行的运转试验，目的是发现机床在运动中可能出现的故障，并对机床进行必要的调整，为以后的负荷试验、工作精度检验做好准备，试验前对机床进行调平，使机床尽量处于自然水平状态。检查主轴箱的油面不得低于油标线，也不能加得过满。

1）检查变换速度和进给方向的变换手柄是否灵活、可靠。

2）运转机床的主运动机构，从低转速起依次运转，每级转速的时间不少于5mim，在最高转速的运转时间不少于30min，使主轴轴承达到稳定的温度和温升。轴承的温度和温升均不得超过如下温度：滑动轴承温度60℃，温升30℃；滚动轴承70℃，温升40℃，其他机构的轴承温升不得超过20℃。

3）在各级转速下，机床应运转正常，无异常振动和噪声。

4）润滑系统正常、可靠、无泄漏现象。

5）安全防护装置和保险装置安全可靠。

【计划】

三、制定试车和验收计划

3. 试车和验收的工艺量流程是怎样的?

试车和验收是机床总装配后对机床进行验收的一项重要的工作，也是检查和评定机床是否符合出厂标准的一个环节，请制定出合理的试车和验收工艺量流程。

试车和验收工艺流程:

【实施】

四、实施试车和验收

4. 负荷试验有哪些内容?

机床各部件空运转试验，经过调整达到要求，按机床试车验收要求，还应进行车床负荷试验。

1）车床全负荷强度试验。试验目的是检验车床主传动系统能否承受设计所允许的最大扭矩和功率，试件材质为 45 钢，尺寸为 ϕ100mm×250mm；用一夹一顶的装夹方式装夹，刀具用 45°（YT15）右偏刀进行外圆切削，主轴转速为 50r/min、背吃刀量为 12mm、进给量为0.6mm/r。车床在重切削时所有各机构应正常工作，动作应平稳，不得有振动及噪声。主轴转速不得比空运转时的转速低5%以上，各部分手柄不得有振动及自动换位现象。

2）精车外圆试验

① 目的：检验车床在正常工作温度下，主轴的旋转精度及主轴轴线对床鞍移动的平行度。

② 试验方法：在车床卡盘上夹持尺寸为ϕ100mm×300mm的45钢试件，不加尾座，用高速钢车刀，精车切削用量取n=360r/min，a_p=0.2mm，f=0.1mm/r，加工图7-1所示零件。

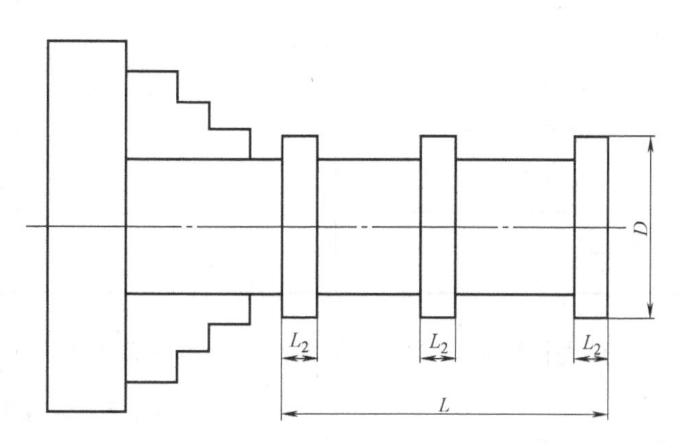

图7-1　加工零件

③ 精车后试件允差：圆度0.01mm，圆柱度0.04/300mm，表面粗糙度Ra不大于3.2μm。

3）精车端面试验

① 目的：检查车床在正常工作温度下刀架横向移动轨迹对主轴轴线的垂直度和横向导轨的直线度。

② 试验方法：试件为ϕ300mm×50mm的铸铁圆盘，刀具用45°（YG8）右偏刀进行精车端面，切削用量取n=210r/min，a_p=0.2mm，f=0.15mm/r。

③ 精车后试件允差：平面度不大于0.02mm（只许中间凹）。

4）切槽试验

① 目的：检查车床主轴系统和刀架系统的搞振性能、主轴部件的装配精度和主轴的旋转精度，以及刀架刮配面的接触精度及间隙。

② 试验方法：卡盘夹持ϕ70mm×150mm的45钢试件，用宽度为5 mm的硬质合金切断刀，在距卡盘70~90mm处车槽，不应有明显的振动和振痕。

5）精车螺纹试验

① 目的：检查车床螺纹加工传动系统的准确性。

② 试验方法：用ϕ30mm×400mm的45钢试件，用高速60°螺纹车刀，切削用量n=15r/min，两顶尖装夹，加工M30的螺纹。

③ 精车螺纹试验精度：螺距累积误差应小于0.04/300mm，表面粗糙度Ra不大于3.2μm，无振动波纹。

5. 精度检验有哪些内容？

完成以上各项试验后，在车床热平衡状态下，还要按GB/T 4020—1997规定逐项做好精度检验，并认真做好记录。

1）小组分工合作，填写工作分工表（见表7-1）。

表7-1　工作分工表

姓　　名	工 作 分 工	完 成 时 间

2）进行卧式车床几何精度检测，填写表7-2。

表7-2　卧式车床几何精度检测

序　号	检 验 项 目	允　　差	实　　测
G1	A—床身导轨 ① 纵向导轨在垂直平面内的直线度 ② 横向导轨的平行度	① 0.02mm（只许凸） ② 0.007mm	
G2	B—床鞍 床鞍移动在水平面内的直线度	0.02mm	
G3	尾座移动对床鞍的平行度 ① 在垂直平面内 ② 在水平面内	①和②0.03mm 任意500mm长度上局部公差为0.02mm	
G4	C—主轴 ① 主轴的轴向窜动 ② 主轴肩支承面的跳动	① 0.01mm ② 0.02mm	
G5	主轴定心轴颈的径向跳动	0.01mm	
G6	主轴锥孔轴颈的径向圆跳动 ① 靠近主轴端面 ② 距主轴端面 L 处	① 0.01mm ② 在300mm测量长度上为0.02mm	
G7	主轴轴线对床鞍移动的平行度 ① 在垂直平面内 ② 在水平面内	① 在300mm测量长度为0.02mm向上 ② 在300mm测量长度为0.015mm向前	
G8	主轴顶尖径向圆跳动	0.015mm	
G9	D—尾座 尾座套筒轴线对床鞍移动的平行度 ① 在垂直平面内 ② 在水平面内	① 在100mm测量长度为0.02mm向上 ②在100mm测量长度为0.015mm向前	

（续）

序　号	检验项目	允　　差	实　　测
G10	尾座套筒锥孔轴线对床鞍移动的平行度 ① 在垂直平面内 ② 在水平面内	① 在300mm测量长度为0.03mm向上 ② 在300mm测量长度为0.03mm向前	
G11	E—顶尖 主轴与尾座两顶尖的等高度	0.04mm 尾座顶尖高于主轴顶尖	
G12	F—小滑板 小滑板横向移动对主轴线的平行度（垂直平面内）	在300mm测量长度为0.04mm	
G13	G—中滑板 中滑板移动对主轴轴线的垂直度	0.02mm/300mm（偏差方向 $\alpha \geq 90°$）	
G14	H—丝杠 丝杠的轴向窜动	0.015mm	
G15	由丝杠所产生的螺距累积误差	① 在300mm测量长度为0.04mm ② 任意60mm测量长度上为0.015mm	

【评价与反馈】

（一）学习反馈

1）按要求认真填写工作页，并将填写情况提交小组进行评价。

2）试车和验收的步骤有哪些？

3）试车和验收的要求有哪些？

4）通过本学习任务，你会对车床进行试车和验收吗？有什么收获？

5）你认为这个学习任务的设计与实现在哪些方面有待进一步改善？

（二）自我评价与教师评价（包括专业能力和职业能力）

班级：　　　　　　　　姓名：　　　　　　　　学习任务名称：

目　标	评价项目	每项分值	自我评价	教师评价
专业能力	1. 能否根据标准判断装配的精度	15		
	2. 能否叙述精度检测的内容和方法	15		
	3. 能否叙述卧式车床几何精度检验标准应用	10		
职业能力	4. 根据卧式车床几何精度检验标准（GB/T 4020—1997）订制试车工艺流程	10		
	5. 是否按工艺要求进行空运转试验	5		
	6. 是否按工艺要求进行负载试验	25		
素　养	7. 工作着装是否规范	5		
	8. 是否主动参与工作现场的清洁和整理工作	5		
	9. 在本次学习任务的学习过程中，是否主动协调	5		
	10. 工作页填写情况	5		
总　评	合计总分	100		

（三）小组评价

评价指标	评价情况
与其他同学口头交流学习内容是否顺畅	是：　　　　否：
是否能接受小组成员的意见	是：　　　　否：
是否服从教师的教学安排	是：　　　　否：
是否服从组长的计划与实施安排	是：　　　　否：
着装是否符合标准	是：　　　　否：

（续）

评价指标	评价情况
能否正确地领会他人提出的学习问题	能：　　　　否：
能否按照安全和规范的规程操作	能：　　　　否：
能否辨别工作环境中哪些是危险的因素	能：　　　　否：
能否合理规范地使用工具和仪器	能：　　　　否：
能否保持学习工作环境的干净整洁	能：　　　　否：
是否遵守学习场所的规章制度	是：　　　　否：
是否有工作岗位的责任心	是：　　　　否：
是否全勤	是：　　　　否：
是否能正确对待自己的错误	是：　　　　否：
是否能保持团队合作	是：　　　　否：

参与评价的同学签名：________　　　　年　　月　　日

（四）总体评价（学习进步方面、今后努力方向）

教师签名：　　　　年　　月　　日

【学习拓展】

请你选取一种设备，在进行安装后进行试车和验收，要做好哪些方面的检查和测量，是怎样进行负载试验的？